創見文化，智慧的銳眼
www.book4u.com.tw　www.silkbook.com

創見文化，智慧的銳眼
www.book4u.com.tw　　www.silkbook.com

The Sales Success Handbook

銷傲江湖之

最強銷售
成交SOP

從百萬到千萬的銷售絕學

華人提問式銷售權威 **林裕峯** 著

攻心
銷售

冠軍
法則

超業
思維

提問式
銷售

創造出一套你自己的銷售不敗招式！

看完裕峯的著作，深感榮幸能為其寫推薦序。這麼一本淺顯易懂又實用的好書，以武俠風格取代傳統談論銷售書籍的敘述方式，令人耳目一新，是一本實用型的業務教戰新手冊，相信會引起大眾的廣泛注意。

會拿起這本書的朋友們，也許多半都是在業績表現上感到力不從心的業務員們，既然你拿起了書，就請相信「銷售」這件事是可以經由訓練來改善的。銷售能力，當然是業務員極被重視與放大的價值，說是「生存技能」也不為過。

如今，人與人之間、人與社會之間的關係不得不密切，人們彼此接觸的機會隨著時代的發展而增加，也因為如此，業務員的表達、社交與銷售能力才顯得更為重要。若業務員不能與時俱進，忽視自己的短處，明明知道自己在銷售上存在著某些問題，卻聽之任之，那麼，在業績結果上、甚至人生路途上不斷吃虧的，終究還是自己。

如果你想知道自己的問題出在哪裡？銷售術語該怎麼修正？又該怎麼討客戶歡心？那就非得「模仿卓越」不可。因為模仿是一種人類最原始的學習本能，大腦的學習能力是透過不斷地模仿他人、事物，藉由不斷地重複與修改，才能達到「習成」的階段。

如何「模仿卓越」？最重要的就是要用「已經證明有效」的成功方法！裕峯不吝惜地公開自己的銷售心法，讀者們必然能夠透過本書，習得裕峯的銷售祕訣！學習卓越者所做的事情，瞭解卓越者的思考模式，並運用在自己身上，經由修正調整，就能以自己的風格創造出一套你自己的銷售不敗招式！

裕峯撰寫這本《銷傲江湖》的目的，除了以最簡單的說明、最實用的角度帶領讀者朋友們修正自己，一一破除成交之前的各種阻礙。我想最重

要的，還是在於帶領讀者「放對心態」、「找對方法」的積極作用。

　　本人於此，誠心將此書推薦給有心於世的人們，盼喜愛閱讀、對自己有所期待、與始終找不到正確方法解決困境的業務朋友們，可以藉由此書幫助你找到破除銷售各種瓶頸的最佳答案！

全球八大名師亞洲首席　王擎天

經歷痛苦是過程，是堅持生命意義的開始

　　不知道是不是真的因為有努力做一點點好事。

　　今年，一連串的驚喜接著來，最重要的驚喜就是認識了暢銷書作者林裕峯執行長。裕峯是一位具影響力、也熱愛做公益回饋社會的人，他的親切、帥氣、擁有愛於一身是我對他的第一眼印象。裕峯能夠成為世界華人八大名師之一，可謂當之無愧，我特別要向「超越巔峯」團隊的裕峯執行長及成員致謝，由於他們全心支持「夢想起飛」公益雜誌，使身為會長的我能夠看到善的力量。

　　看《銷傲江湖》這本具洞察力的書的確引人注目，一定是經過許多的淬鍊，才能寫出如此多樣化的人性風貌，字裡行間豐富的情感，發人省思，更令人深深著迷！如同一個清楚的路標，指引著讀者往前邁進，豐富的人生體驗，可貴的生命教育，聖經箴言4：23所說：「你要保守你心，勝過保守一切，因為一生的果效是由心發出」與書名《銷傲江湖》可說是相輔相成。

　　心裡想，這個年代，我們需要的就是這些具有業務能力的高手，他們能放下自尊，與內在的自己面對面，真心袒露自己的脆弱，打開心與他人交會，全心支撐自己的夢想，進而翻轉人生。

幾乎所有的老闆都是業務出身，某些技術出身的老闆也都會找一位業務出身的資深管理者來當CEO，原因其實不難理解，有句話說「你賺得的一百元裡，有70%以上是別人幫你賺得的。」在各行各業，你只要掌握到「人」，你自然就掌握到利潤的機會，業務就是這樣的角色。

這本書需要用心的讀者才能消化吸收，但我相信，凡願意如此做的讀者必能大大提升業務技巧。這些文章讓我體驗截然不同的生命歷程，當我回頭思索自己的道路時，我擁有了在這個無限可能的世界裡繼續探索的勇氣。當越來越多人擁有愛的能力，台灣一定會更幸福，祝福各位讀者一切平安。

夢想起飛公益關懷協會會長 李雅各

用誠意交朋友，一直都很重要！

「愛」與「關懷」一直是裕峯常常掛在嘴邊的座右銘，記得和裕峯到教會去指導溝通技巧與數位電台匯流概念的時候，就能體會他為什麼可以在「成交」上的心得如此突出，「成交」——用誠意交朋友，一直都很重要！

和裕峯的交流當中，發現「成交」只是找到對的態度與方法，然後努力執行的結果，如果只是為了成交而成交，想必就和「七傷拳」一樣，傷人必傷己。我們要和裕峯一樣，做到「商人必商己」——做自己能接受的事情，然後做好，如此必能在本書中，踏著各種裕峯的武林絕學、獨門新法——銷傲江湖！

廣播金鐘獎得主 安達

千萬不要讓你的競爭對手先看這本書！

首先感謝裕峯老師給予我為這本新書寫推薦序的機會，讓我有幸先睹為快。

認識裕峯老師超過五年的時間，多年來的互動和長期的觀察，可以深刻感受到裕峯老師對成功的渴望，對目標的堅持，以及對學習的狂熱。有句話說：「成功絕非偶然」，在裕峯老師身上能驗證這句話。

雖然我本身在4U人際教育學院從事教育訓練的工作，又寫了一本暢銷書《業務九把刀》，但我還是很欣賞和佩服裕峯老師的業務能力，可以用四個字來形容——深不可測。所以當我拿到這本新書稿件時，便迫不及待想吸收書中的日月精華。

業務方面的書籍，坊間很多，我會強力推薦這本書有三大原因：

一、架構完整：一位超級業務員不能只有技巧，也不能光靠態度，而這本書分成「業務內功篇」和「業務外功篇」，如果能夠實際運用本書內容，內外兼修，天下無敵。

二、實用實效：想要倍增業績只有兩種方法，一種是自己花大量時間，不斷地碰壁摸索，一種是直接用已被證明有效的方法，你喜歡哪一種呢？本書內容無論是業務心法還是成交技巧，很多都是我實際用過有效的，直接拿來實際運用就對了！

三、作者正派：說真的，作者本身的人品和待人處事對我來說很重要，所以我不是隨便亂推薦的。

總之，難得一見的好書，強力推薦給大家，一定可以助您打通任督二脈，讓您溝通無礙，把人脈變錢脈。

暢銷書作者 林哲安

練功，人人都需要練功

　　我個人一直覺得每個職涯人，就好像一個個英雄好漢或巾幗不讓鬚眉的娘子軍，從學校畢業後就浪跡江湖來到職場的五湖四海。各行各業就像不同的幫派，有人上少林、有人進武當、有人峨嵋派、有人崑崙派。或許也有人是丐幫、有人在海沙幫。無論進入哪個領域，都有可能少年出英雄，或者歷經滄桑後練就一身絕世武功。

　　而對我來說，所謂武功蓋世，就是能夠在職場上發揮功力，成就高收入高成就的人。不論是成為業績王，或者升上公司最高主管，乃至於創業有成。當年那個初出茅廬的年輕人，終於成為在職場上發光發熱的英雄英雌。

　　這一切就像練功，勤練者，能夠攀上巔峰，偷懶者，原地踏步。

　　我認為這社會需要各式各樣的技能，但在眾多技能之中，可以做為技能之最的，絕對是「業務」。各行各業都需要業務，在行銷業務單位負責公司業績拓展的人，稱做業務；在非業務部門工作的人，每天要推展自己的工作，推展自己這個人，又何嘗不是業務呢？

　　本書結合業務與武功的概念，一方面讓讀者在閱讀時有種趣味性，一方面也因為要提升業務實力，真的就像練功一樣，必須讓自己學會十八般武藝，日求精進，才能發展有成。而回饋給你的，就是讓你成為高收入一族。

　　本書的撰寫，感謝王擎天老師、路守治老師，以及好友蔡明憲、安達的鼓勵。他們在我寫書的過程中，也提出各種寶貴建議，在此致上衷心感謝。

　　我更要感謝的是我內人郭儀汝，她是永遠支持我的支柱。

　　人家說每個成功男人背後都有一個重要的女人，我不敢說我是成功

者，但我親愛的妻子在我奮鬥過程中，給予我許多無法取代的溫暖以及打氣。

　　還有絕不會忘了感謝的是，我那最可愛的女兒，她的誕生讓我的世界變得更加不一樣。讓我更加覺得責任重大，要為這個社會、這個家，做出更大的貢獻。

　　當然，我還要感謝各位親愛的讀者，您們的支持，是我重要的心靈支柱。

　　也歡迎您們一起加入華山論劍業務大俠的行列。

　　亮劍吧！英雄英雌們！讓我們一起朝成功邁進。

人人都可以成為業績大俠

賺錢，困難嗎？

其實，賺錢並不困難，困難的是如何有效率地賺錢。

有的人一天工作十多個小時，累到要爆肝，家庭、健康及生活品質都犧牲掉，只換得勉強的溫飽。有的人卻可以月入七位數字以上，不但可以帶給家人更幸福的日子，行有餘力還可以投入慈善幫助人。

努力很重要，有效率的努力更重要。

就好比如說，習武難嗎？其實人人都可以習武。

只不過大部分人練就的只是三腳貓的功夫，只有少數人可以成就絕世神功。

喜歡金庸武俠小說的人都知道，那些成就非凡，武功蓋世的英雄豪傑，並不是個個都是武學奇才，而是透過各種祕訣才能成就武功巔峰。

為國為民，俠之大者，郭靖先生是個魯鈍的漢子，他連一個招式都要花比別人多幾倍的時間才學得會。

滄海一聲笑，豪邁不羈的令狐沖在學會獨孤九劍前，根本只是個處處挨打的大病貓。

以六脈神劍和凌波微步讓壞人恨得牙癢癢的段譽，本來只是個文弱書生，一點武功都不會的富家少爺。

更有那小和尚虛竹先生，碰到事情只一味地低頭阿彌陀佛，在戰場上連個配角都不算。但一朝獲得星宿派掌門的七十年功力，一夕之間成為絕頂高手。

成功的關鍵是什麼？

本書不是教你走偏門、等奇遇。但只要懂得抓住關鍵竅門，人人都可已從平凡的上班族C咖，躍升為業務大明星。

在筆者的第一本書《成交就是那麼簡單》，曾經分享許多實用的業務心法與具體實作的範例。

在本書，筆者則以教導讀者成就一個頂尖業務高手為目標。

依據筆者的經驗，以及結合這三十年來受教於各行業業務大師教導的心得。筆者本身也是從內向帶點自閉的職場弱雞，逐步邁入業務巔峰，不但成就多項業績冠軍紀錄，也受邀為全國各行各業的行銷團隊演講及建立業務新氣象。

在《笑傲江湖》裡有個人人耳熟能詳的超級武功祕笈，叫做「葵花寶典」，書中的名言就是「欲練神功，引刀自宮」

各位讀者們今天不必那麼辛苦，只要照著本書分享的心法和業務招式勤練，你一樣也可以成為東方不敗。

準備好打通你的任督二脈了嗎？

下一個華山論劍業務英雄就是你。

Contents

第1部

業務內功篇——氣貫丹田，金剛護體

第2部

業務外功篇——縱橫江湖，我武維揚

第 *1* 部

業務內功篇

氣貫丹田，金剛護體

易筋經

第一招

打造一個成功者的體質

　　武俠小說透過虛實相映，創造出許多武俠招式，豐富了人們的想像世界。

　　在金庸著作中有許多功夫是真有其名的，例如：「太極拳」、「羅漢陣」，而有些則是將真實經典化為武學，最知名的就是將原本道家作為呼吸導引術的「易筋經」，描繪為達摩所著之上乘內功，在《笑傲江湖》裡還因此治癒令狐沖的內傷。其實在其他武俠大師的著作中也都有這門功夫。

　　無論如何，「易筋經」是一種深厚的內功心法，如同武俠小說中，頂尖的武功高手們都必先修行內功，才能內外兼備，最終成為名留於世的武林大俠。

　　而現代人不論是在業務行銷或者各種職場領域，要想讓自己成就一番事業，也必先將自己「從內而外」整個改造。

　　你不可能走在錯誤的方向上，卻冀求順利到達目的地，即使你硬要說「地球是圓的，總會走到」，等到過盡千山萬水，終於成功，然而此時的年紀也已七老八十，有何意義？

　　當原本的做法是錯誤的，那麼再怎麼努力一千遍、一萬遍，也一樣是錯誤的。這就像是你在車子的油箱裡不斷地加水，卻希望車子能夠發動一樣，是完全不切實際的。

　　許多人總是羨慕別人的成功，羨慕別人的車子跑得快，自己的車子卻

老是停在原點。

　　若想要自己也加入成功者的行列，就得先改變體質，讓自己從「停滯不前」的人生，轉變為「全速前進」的人生。

價值觀的衝突，是你前進的絆腳石

　　我所認識所有能成就一番事業的成功人士，無論是企業家、富翁、還是具有廣大影響力的一代宗師，他們所成就事業的根本都不是與生俱來的，而是經過了一番內心的改造，轉變成為成功者的體質，才能在此基礎上發揚光大。

　　所謂的「內心改造」是成功的一大關鍵工程，指的就是「調整你的價值觀」。

　　思考一下，是什麼造就了你現在的人生？你若仔細想想，就會明白，是「價值觀」造就了你現在的人生。

　　每個人嘴上喊著要追求成功，但實際上每天影響自己所做所為的，卻是自己的另一種價值觀。

　　大部分的人的價值觀都是追求舒適享樂，想要過輕鬆的生活。所以，當你想要打拼時，內心就會有個聲音叫你「休息一下」，就算知道只要多打幾通電話，就可能成交一個客戶，你內心的聲音還是會要你「明天再說」。到了明天，又會出現明天新的藉口，讓事情一拖再拖，然而這正是我們自身價值觀的設定，讓我們會以「舒適」、「輕鬆」、「懶散」作為第一優先。

　　就像是開車時，車上的導航器會優先指引你往休息的路走，因為要「成功」太辛苦了，即便你很想成功，但真正去做卻是另外一回事。

　　讀者看到這裡，不要覺得氣餒，或者覺得自己很差勁，因為想偷懶或

貪玩是人的天性。如果一個孩子沒有經過後天教育的輔導修正，從小就在家中安逸地長大，那麼他所展現的天性就可能是好逸惡勞，吃飽睡、睡醒玩、玩累又繼續睡，這樣過一生。

好在，人類的另一種天性是「追求向上的提升」。就算是一個出生於富裕之家，一輩子不愁吃穿的公子哥兒，若天天放蕩也會生厭、也會不快樂。因為人的心中還是有一種追求更高境界的原始想望，只是多數人的「想」是一回事，「去做」又是一回事。

讓我們探究一下，人為什麼會不成功？為什麼會不快樂？

其實，原因就在於「價值觀的牴觸」。

有錢的公子哥兒，即使心裡想要達到什麼成就，但是因為長久累積下來的習慣難以改變，還是過著每天吃喝玩樂，荒廢心靈，得過且過的日子。直到哪一天突然體悟了，願意追求改變，他的人生才能有所突破。

如你我一樣平凡的現代人，經常覺得不快樂，也是因為種種價值觀的衝突所致。

一個上班族的日子過得不快樂，是因為他羨慕那些有錢人過著富裕的生活，自己卻是每個月煩惱繳完貸款之後，身上的錢所剩無幾。他的心裡明明想要追求財富，但是每天的所做所為卻仍然依循著原本的工作模式不曾改變，所以他一輩子都無法快樂。

一個家庭也是一樣，若夫妻兩人的價值觀不同，妻子覺得家庭最重要，丈夫覺得拚經濟才重要，那麼長此以往，兩人一定會產生衝突，不是離婚，就是有一方一輩子不快樂。除非雙方願意坐下來，好好談談如何調整雙方的價值觀。

其實一直以來，「知道」如何成功都不是問題。市面上探討如何成功的書汗牛充棟，許多成功企業家也都不吝於分享他們成功的訣竅。只是多數人經常書讀是讀了，還是做不到。那不是因為自己的能力太差，而是一

個人被自己的價值觀所掌控。

不調整價值觀，你就會一直原地踏步。

一般人在價值觀上會出現的兩種錯誤思維，如下：

一、前進的力量與後退的力量互相拉鋸

為什麼許多投入業務工作的人無法獲得成功？因為他們一方面內心想要追求成功，一方面卻又害怕被拒絕，這兩件事是衝突的。就好像你渴望徜徉在泳池裡，卻又害怕踏入水裡，因為你總是會聯想到被水嗆到、溺水這一類負面的事。

仔細想想，在日常生活中，你是不是經常出現這樣的心理拉鋸？例如：

你想要賺更多錢，卻又不想犧牲睡眠、玩樂的時間；

你想要追求心儀的女孩，卻又害怕和她相處，因為你沒有足夠的自信；

你想要對公司提出改良的建議，卻又害怕找老闆表達自己的意見；

還有，最普遍的狀況是，你想要月入百萬元，但是卻連打一通電話都會害怕被客戶拒絕。

上述每一種心理拉鋸的結果，通常就是「再等等」。於是，多數人就這樣「等掉了」一輩子。

二、下錯定義，因此帶來不快樂

有的人想追求成功，也願意突破自己的「舒適圈」（comfort zone）去挑戰新境界，但是他們還是覺得不快樂，為什麼？問題就在，他們對成功下錯了定義。

相對於上述內心想法經常自相拉鋸的人，這類型的人雖然比較積極進取，但是其人生大部分的時間還是過得痛苦的。

舉例來說，有些人的成功定義是：每個月收入要達到百萬元。但是在下定義的同時，他卻沒有提出具體的可行方式。

可以想見，他永遠不會快樂，因為他沒有循序漸進地從十萬元、二十萬元開始逐步建立、並達成更高的目標金額，而是直接定義了：成功就是月入百萬元！實際上，他可能一輩子都很難達成月入百萬元，於是，他一輩子都覺得不快樂。

一個每天都不快樂的人，他會越來越難成功，因為他下錯了定義，他「想成功」的這件事，永遠都和「痛苦」連結在一起。天天如此，他怎麼會再有想成功的動力呢？因為越成功，他就越痛苦啊！

◎ 改變價值觀，等於改變人生

如上述，當一個正面的思維卻和痛苦的感覺連結在一起時，就會讓人無法再繼續前進。

請你思考一下，

你在感到快樂時，比較願意投入一件事？

還是在感到痛苦時，比較願意投入一件事？

其實，兩者都有可能讓你願意投入一件事，前者我們稱為「快樂驅動

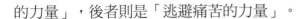

的力量」，後者則是「逃避痛苦的力量」。

我們的一生如何前進，都被這兩股力量所左右著。

人的一生不是追求快樂，就是逃離痛苦。

人們會追求金錢、享樂的生活、美麗的風景，或者提升心靈的喜樂，這些都是「追求快樂」。許多人會因為受到這些快樂願景的誘導，而願意努力工作。

在一間公司裡，老闆說業績第一名的人能得到百萬名車的獎賞，這也是運用追求快樂的力量。

人們會逃避各種痛苦，害怕飢餓、寒冷、死亡。為了逃離痛苦，許多人努力工作，害怕如果失業了，他就可能面臨這些痛苦。就像在一間公司，老闆明示或暗示了：業績差的人在下一季會被辭退，那麼業務員們也只得拼命打電話拉生意。

可以說，每個人做任何的抉擇都與這兩種力量有關。

再舉個例子，假設我手裡端著一個盤子，盤子上放了兩三隻蟑螂，這些蟑螂都已經烤過，看起來比較沒那麼噁心，但是我相信還是沒人敢吃。

在教室裡，我端出這盤烤蟑螂問學員：「有誰願意吃掉這盤烤蟑螂？我願意給你一萬元！」

沒有學員舉手，每個人都露出嫌惡的眼光。

於是，我加碼獎金：「敢吃掉這盤烤蟑螂的人，我就給他十萬元！」

一片沈寂，還是沒有人願意。

我繼續加碼：「五十萬元、一百萬元、一千萬元……」

你可以預見，一旦飆到了某個金額，一定會有人開始動搖。例如，金額破千萬元時，大家的眼神就會開始猶疑，等到我喊出：「敢吃掉這盤烤

蟑螂的人，我就給他一億元！」的時候，就開始有人舉手了。喊到十億元，甚至有許多人要搶著吃了。

原因在於，此時：

「得到十億元的快樂」已經大於「吃烤蟑螂的痛苦」了。

到了這種時候，人們甚至會開始找可以吃蟑螂的理由安慰、說服自己，例如：「這世界上本來就有各種千奇百怪的食物，中國北方不是就有一道菜是烤蝗蟲嗎？」、「在非洲，吃烤甲蟲也是很普通的事啊！」、「反正我就閉著眼睛，配白開水吞下去就好，我這一生若有十億元在手，我和家人就不愁吃穿了！」

因此我說，快樂和痛苦都不是絕對的，都是可以調整的，一定有個突破點存在。當正面報酬達到了某個臨界點，相對地，我們就變得願意忍受那些痛苦。

同理，一個業務員為何業績不好？因為他不敢打開發客戶的電話。

因為「被客戶冷漠拒絕的痛苦」大於「他想成為百萬富翁的願望」。

說明白點，就是這個業務員「並沒有他自己以為的那麼想賺錢」，否則他就不會痛苦於自己的承受度那麼低了。

而一般人的痛苦承受度甚至更低，他們的心中明明渴望當個千萬富翁，卻輕易地被其他痛苦所打敗。

業務員為何業績不好？因為他們對於被客戶拒絕的恐懼，比渴望賺錢的心願還強烈；因為他們害怕不能賴床、不能享受被窩的舒適，強烈過於出門賺大錢的渴望。

一旦出現重大經濟困境，例如下個月繳不出房租等，此時才會為了逃避痛苦而拼命賺錢。

如果一個人想成功的動力總是來自於「逃避痛苦」，那麼即便後來成功了，過程也會非常不快樂。如果可以因為「追求快樂」而成功，人生是

比較幸福的。

這裡的重點就在於：改變定義。

也就是說，你必須避免將痛苦的可承受度設定得過低，別定義在「被客戶拒絕，就是痛苦」，你可以將定義改為「被一萬名客戶拒絕，才是痛苦」，那麼打客戶開發電話就不會是一件痛苦的事。你也就不會因為每天逃避痛苦，而更加厭惡打開發電話。

同理，你必須避免將快樂目標及成功目標設定得過高，高到不切實際，如此你就能產生追求成功的動力。例如，如果一個房仲老闆規定：根據每個月的業績，房仲佣金的目標要達到一億元，業務員才能領薪水。那麼因為目標太高了，高到完全不可能達到，所以你可能寧願放棄這個工作，另謀高就。然而，如果老闆將佣金的目標改為一千萬元，雖然還是有點難度，但是有可能達成，於是你就會比較願意拚拚看。

我時常和學員分享——「價值觀影響著你的一生」。成功是種想望，而推動的力量就是「追求快樂」與「逃避痛苦」。而所謂快樂與痛苦，都來自於你自己的定義。如果不調整成正確的定義，有些人終身不會成功，而有些人雖成功，但過程卻充滿了痛苦。

要知道，「成功」經常只是一瞬間，而過程卻伴你長久。

舉例來說，當一個人獲頒了全國業績冠軍的獎盃時，他的快樂，就是站上舞臺的那一刻。之後呢？他可能偶爾在想起那一刻時，會快樂一下子，而他最快樂的時候，就是上臺接受頒獎的那一個瞬間。但是，可能他得到快樂的背後代價，是妻離子散，是天天愁眉苦臉，除了漂亮的業績，生活乏善可陳。這樣的成功者，並不值得效仿。

我所認識的許多成功者都是事業有成，具有千萬、億萬身價，但也關心家人、關心社會。他們的成功來自於正確的定義。

他們所定義的痛苦，不會是被客戶拒絕、不會是一大早起床、不會是

接受客戶嚴格的質問等等。這些一般人以為的痛苦，他們卻認為只是業務過程當中理所當然的狀況，完全不以為意。

他們所定義的成功，是這個月的業績比上個月要進步、每個月都要比上個月更進步，他們所定義的成功，也包含了讓父母、妻兒過著幸福、富裕的人生，讓自己能給予社會多一點貢獻。

若不能符合上述的定義，就算月入數百萬元，家庭關係卻不和睦，那就不是圓滿的成功。想想，

你的成功定義，是什麼呢？
你的失敗定義，是什麼呢？
你的快樂定義，是什麼呢？
你的痛苦定義，是什麼呢？

這些定義的不同，會造就你完全不同的人生。

練功時間

請定義你的人生

在閱讀下一個章節之前，我希望你和我一起來練功，做功課。

我相信唯有先定義好自己，才能追求更高的境界，這是成功的基礎課題。當做好這些功課之後，對於後續內容的理解，你就更可以事半功倍。

請你回答：

Q 對你來說，什麼才是成功？

....

....

....

Q 你對人生的成功定義是什麼？

....

....

....

Q 將成功定義，細分成「年成功定義」。例如：六十歲前、五十歲前、
四十歲前、三十歲前……你分別想要什麼樣的成功？

三十歲前，

....

....

四十歲前，

....

....

五十歲前，

....

....

六十歲前，

....

....

你的失敗定義，又是什麼？

（例如，被客戶拒絕了一萬次，是失敗；被客戶放鴿子了一萬次，是失敗……請將失敗的定義難度提高，能幫助你堅持到底。因為有太多人將失敗定義得太容易，例如：被拒絕一次，就表示業務工作做不好，失敗了，容易讓自己放棄。所以請仔細想想，你的失敗定義是什麼？）

Q 你對快樂的定義是什麼？

（例如，品嚐美食、成為富翁、照顧家人、生活物質無缺等等。假設
品嚐美食是你的快樂來源，就繼續思考，「美食」可以讓你獲得什麼
樣的感受？要找出你的終極快樂源頭。請用心且仔細地想想，不要人
云亦云，因為那是別人的快樂定義，不是你的快樂定義。）

碧海潮生曲

時時勉勵自己正面積極

武功，不一定就要刀光劍影，拳打腳踢。最厲害的內功，單靠內力傳送的聲音，就可以殺人於無形。

在《射鵰英雄傳》裡的東邪黃藥師，就是這樣的頂尖高手，單靠聲音就可以制敵。

黃藥師的一門絕技，就是「碧海潮生曲」，其簫聲有如海潮變幻，以上層內力惑人心志、亂其內息。他曾用這門功夫對付老頑童周伯通，更與歐陽鋒的鐵箏、洪七公的嘯聲相抗。

而對於朝業務高手之路邁進的你來說，你要用內功打敗的第一個敵人，不是別人，正是你自己。要打敗那一個消極、自卑、得過且過的自己，你才能重獲新生，邁向業務高峰。

你是否有過這樣的經驗？

在聽了一場令人血脈賁張，鬥志昂揚的演說之後，你當下覺得熱血澎湃，很想要有一番轟轟烈烈的作為，然而，這個熱度卻只延續了一晚。第二天，你所有的熱情都船過水無痕，你又恢復成原本那一個得過且過，一切等「明天再說」的平凡人。

為什麼會這樣呢？

這是因為有一個一輩子跟隨你的「影子」，「他」時時刻刻都在拉你回到現實，不論你有多少夢想，他都有辦法讓你相信「這是不可能的」。

或許你會生氣，自己的影子為什麼要這樣扯自己後腿呢？

請不要怪罪他，他之所以會這樣子，也是你培養出來的。

當你從小就開始灌輸自己——「我做不到」、「這件事太難了」、「下次吧」等等的消極觀念，久而久之，你的影子，也就是你的「潛意識」，就成為一個負面的人。

「種瓜得瓜，種豆得豆」，過去你種下的負面因子，現在就長成了負面思維。

改變我的人生、刺激我上進的三件事

所幸，思維是可以改變的。

你一定要改變思維，才能改變習慣。
改變習慣，才能改變命運。

今天開始，你可以重新培養自己的正面力量。

以我來說，我也曾經是個內向、自卑、與成功無緣的失敗主義者，如果現在我再遇到以前的朋友，他們一定會對現在的我感到驚訝，因為現在的我和從前的我，是完全判若兩人。

那麼，我是如何改變自己的呢？

如前述所說，我先改變了我的思維，我的命運也才得以改變。

過去的我，身邊總有一個潑冷水的影子，「他」阻撓我改變、阻撓我進步。如今這個影子已經被我重新「調教」，轉變成為一個時時鼓勵我的朋友。

我如何改變的呢？有三件事情影響我甚鉅：

第一件事：第一任女友帶給我的刺激

第一任女友，她是我在求學時代的交往對象，她大我三歲，當時很照顧我，但是後來我們終究沒在一起。記得那時分手之前，她說過一句很直接的話，她對我說：「你這一輩子就是這麼小孩子氣，像你這樣的人肯定沒辦法成功。」

於是，我衝著一個念頭——我要「做給她看」，這燃起了我胸中想要打拼的鬥志火焰。

第二件事：勵志港劇帶給我的激勵

青年時期的我經常鬱鬱寡歡，碰到挫折就愁眉不展，雖然有心想要改變，卻又經常感到力不從心。

在那樣青澀的年代，一部港劇《創世紀》帶給了我莫大的影響，男主角羅嘉良在劇中飾演男主角葉榮添，故事內容敘述：葉榮添本是一個平凡人，但是他胸懷大志、有抱負，想要有一番作為。他不斷地奮鬥，終於從一個小咖業務員，最後成為上市企業的大老闆。

這部港劇在當時大大激勵了我，全系列的影片我看了至少超過十遍，劇中的情節始終深植我心。

第三件事：父親生前對我的期望

我是一個平凡家庭出身的平凡人，我的父親也不是什麼名人，但是他勤儉踏實地將我撫養長大，是我一輩子的恩人。

父親一生勞苦，一年，不幸重病住院，我陪伴在他身邊，不捨他受

苦。

我永遠記得，當時他在忠孝醫院的病床上戴著氧氣筒，說著：「很想去貓空玩」，可是我卻已經永遠無法實現他的心願。

那一天，我痛徹心扉，我告訴自己：這一輩子，永遠不要再讓身邊的人難過。

我發誓要努力上進，珍惜身邊所愛的朋友，帶給他們幸福。

這三段經歷，徹底地扭轉了我的人生。

至今，我的皮夾裡仍放著父親的照片。每當我遭遇到挫折，感到沮喪、失意時，就會翻開皮夾，靜靜地看著父親的照片，他的笑容總能提醒我當初許下的誓言——我這一生，永遠不要再讓自己找藉口墮落，我一定要讓自己變得更好。我就是要成功，沒有任何理由退縮。

從那一年到現在，我的心志從來不曾動搖或改變。我也從一個內向、畏縮的膽小青年，蛻變成為一個冠軍級業務導師。

尋找刺激潛意識的力量

當然，每個人都有自己的人生故事，我的遭遇只屬於我自己的，不是每個人都會發生和我一樣的事件。

因此，我要帶領你建立起屬於你自己的「刺激」。

就像黃藥師的「碧海潮生曲」，那樣的刺激必須深入內心，從根本來振奮起你的心志。這種狀態並不是看幾本勵志書籍，或是聽朋友幾句的加油打氣，就可以獲得的。

要成大事，就必須要有非常手段，何況是改變思維的關鍵大事，你一

定得花點心思。

在此，需要你先建立起一個基本觀念，那就是──每個人擁有不同功能的左腦、右腦。

左腦：屬於理性腦，掌管邏輯、運算、思考方面的理性思維。

右腦：屬於感性腦，掌管情感詮釋、心念方面的感性思維。

如果我們能夠強化右腦的力量，不要一切都讓現實的左腦左一句：「不可能！」、右一句：「沒機會！」阻擋你的改變，就可以有效提升你的正面能量。而這種提升，也就是潛意識的提升。

潛意識的提升，需要經過長久累積下來的磨練，如果抱持著三天捕魚，兩天曬網的心態去做，是無法成功鍛鍊出堅強心志的。

那麼，建議的作法是什麼呢？以我來說，我勤於閱讀各種提升內在心法的書，同時主動尋找可以改變自己的課程，聽取正向發展專業的專家建議。

我真的看了很多成功學的書籍，也上了許多成功學的課程。這幾年來，我投資自己的大腦價值超過兩百萬元以上的資訊。

經常吸收正面訊息，可以讓自己的潛意識更加正向。

或許有人會說，我沒有那麼多的預算去上課，而且，也沒時間安排這麼多的課程，有沒有其他方法可以加強我的潛意識、我的心志？

當然有，在此提供幾個可以常態鍛鍊潛意識的簡單方法，如下：

一、音樂激勵法

你可能聽過，有一種音樂稱為「潛意識音樂」。

然而，不必特別尋找什麼特殊潛能開發的音樂，只要是可以讓你振奮的音樂，不論是流行歌曲還是古典音樂，都可以幫助到你自己。

音樂可以貫穿你的潛意識，影響你的所作所為。

我看過很多人在難過的時候，好比如說，與男女朋友分手時，會藉酒澆愁，唱一些「我毋醉、我毋醉、毋醉」那一類的歌曲，或者是「心太軟」、「新不了情」等歌詞優美，意境哀傷的歌曲。

結果通常是讓自己陷入了更大的低潮。

歌曲本身沒錯，但是既然人類是容易受到外界環境影響的生物，特別是「心」是人類的罩門，就算是一個力大無窮的壯漢，也會因為聽到悲傷的歌曲而軟化心志，變得沮喪、失落。

音樂的力量如此大，如果我們將這樣的力量運用在正面勵志上，一定能發揮莫大的效果。

當我去參加世界潛能激勵大師安東尼・羅賓（Anthony Robbins）老師的課時，整場活動一定放送令人情緒激昂的歌曲。因為大師們都明白——音樂有魔力，可以帶動情緒能量。

平常在工作場合，多聆聽些歌曲，如：「向前走」、「洛基」這樣的歌曲，可以讓自己充滿朝氣，時時處在戰鬥狀態。

當我在帶領團隊時，也不會忘記透過音樂的魔力來點燃戰鬥力。此外，我的手機鈴聲以及平常製作PPT的背景音樂，也一定採用正向、可以振奮精神的音樂來激勵自己。

時時讓自己透過音樂充電，便永遠不會有被打敗的感覺。

練功時間

尋找提升激勵能量的歌曲

Q 請試著尋找對你來說能提升激勵能量百分百的歌曲，至少三首：

....

....

....

....

....

二、照片激勵法

除了音樂之外，你還可以利用照片的力量來自我激勵。

就如同我的皮夾裡始終放著父親的照片，因為他的照片對我來說，具有非常特殊的意義。

那麼，什麼樣的照片可以帶給你正面的刺激呢？

我的建議是，你可以經常閱讀《今周刊》、《商業週刊》、以及各種談論名人傳記的刊物。重點在於這類型的刊物會收錄許多成功人物的故事，以及成功人物的專業經驗分享。在這些人的故事當中，一定會有可以帶給你震撼或激勵的地方，將這樣的故事和照片剪下來放在皮夾裡，可以時時提醒自己，將這樣的人物故事作為典範。

我自己則是有蒐集成功者照片的習慣。

例如，我有周星馳接受媒體專訪的照片，在那張照片裡，他站在一個階梯旁，展現了從階梯上走下來的大師氣度。而照片背後的故事是，周星馳貴為一個演藝圈天王與億萬富翁，卻為了追求完美，而重拍了那張照片

二十一次。當時記者原本說：「星爺，你隨便擺個POSE就好。」但是周星馳要做，就會做到極致，這就是他做事的態度。

蔡依林是亞洲天后，也是億萬富翁。在成功的背後，她也付出許多不為人知的努力。當年她在還未成為巨星之前，也曾經被毒舌評審諷刺為「臺灣十大爛歌星」，最後她用成就證明了自己的實力，並且每場表演活動都挑戰自己的新極限。

蔡依林的舞臺表現總是力求推陳出新，例如，她曾經說要表演鞍馬，經紀人勸導她放棄這個想法，因為如果失敗的話，輕則毀了演唱會，重則可能造成全身骨折，甚至喪命。但是蔡依林相信自己可以做得到，最終也真的完成了她心中完美的演出。

類似這樣的照片與故事若能帶給你感動，就請你將照片剪下來存放，時時刻刻激勵自己要和目標對象一樣努力。

看到照片時，就告訴自己：他們也曾是平凡人，他們都可以做到，那我也可以。

尋找激勵自己的典範

「股神」巴菲特（Warren Edward Buffett）曾說：「告訴我你的偶像是誰，我就知道你大概是什麼樣的人」。

Q **現在，請你找尋並列出你生命中的學習典範：**

....

....

....

（請你找尋你的學習典範，並將其成功事蹟及相關照片置換到手機或電腦的桌面，也可以列印出來，貼在房間牆上。）

🔵 列出兩位有傑出成就的名人，作為你的學習榜樣，並寫出他們的故事和個人成功特質。接著想一想，如果你是他／她，若要幫助你達成目標，他們會給你哪些建議？可以讓你朝向成功者邁進。

名人一：

他的成功故事概要：

他給你的成功建議：

名人二：

他的成功故事概要：

他給你的成功建議：

三、錄音激勵法

此外，還有一個可以刺激我們潛意識的力量，那就是「自己」。

讀者們可以運用看看，例如，我每年都會錄一捲「潛意識錄音帶」（或者你也可以使用手機等其他錄音器材），錄音的主題依每人情況有所不同，而我的錄音主題是「一〇一個人生目標」。

這是我每年的固定作業，我會先將自己人生的七個面向寫下來，包含：家庭、事業、理財、人脈、學習、旅行以及公益，在七大面向之下，各自再設立十幾個目標，匯整成一〇一個年度追求的目標。接著，再將每個面向的主要核心目標列出來，錄出一捲錄音帶，背景則搭配振奮人心的音樂，在各種重要的場合播放給自己聽。

在這裡請注意，錄音時你一定要以「第三人稱」來講述內容。

例如，不是說：「我一定會成功拿到業績冠軍。」

而是說：「裕峯，你一定會成功拿到業績冠軍。」

為什麼要用第三人稱呢？

因為我們有一個理性的左腦，如果你使用第一人稱說：「我將會……」那麼左腦就會用「理智」來否決你。當你使用第一人稱來說「我一定會成功」時，你的潛意識都不相信你自己。

因此，你必須降低理性左腦的作用，讓潛意識可以浮現，在作法上就必須使用第三人稱。例如：「裕峯，你一定可以登上商業類雜誌、上廣播節目、登上各種媒體。」

「裕峯，你一定可以成為暢銷書作家。」

「裕峯，你真的很棒、很優秀。」

「裕峯，你可以幫助別人、幫助家人，你一定會達成目標。」

這不是單純的自我提醒，而是已被研究證明非常有效的自我正面催眠技巧。

思考一下，在人的一生當中，最熟悉的聲音是誰的呢？

不是父母，也不是配偶，而是你自己。

從一出生，我們就聽著自己的聲音長大，自己的聲音讓你自己最安心。因此用自己的聲音，錄下激勵自己的話，最可以傳達到自己的潛意識。

那麼，在什麼時候聽最好呢？

最好的時間點是「睡前十分鐘」，以及「剛起床後的十分鐘」。

在成功學裡，有一句名言：「人要成功，只要做對一個關鍵，就可以改變自己的命運，那就是『選對配偶』。」

為什麼呢？

舉個例子，如果你在睡前和老婆說：「我一定要成功，我一定要月入一百萬元。」老婆聽了，卻在枕邊說：「唉呀！快睡吧！不要做夢了，這是不可能的。」

你每天這樣說，卻每天都被老婆澆冷水，久而久之，你有再偉大的夢想、再燃燒的鬥志，也會被澆熄。

相反地，如果每當你立下志向時，枕邊人就嬌滴滴地說：「老公，你是我的偶像，你一定會成功，我最愛你了。」那麼就算你的鬥志原本只有兩分力道，被老婆這麼一說，也會強化成十分力道。

現在，不論你已婚、未婚，都請在睡前放一捲正面自我激勵的錄音帶（或者播放音檔）給自己聽，就能有效發揮正面強化的效果。

當你入夢時，潛意識也持續吸收著這樣的正面能量，這會讓你每天都充滿鬥志。

練功時間

請打造你專屬的「碧海潮聲曲」

瞭解了本章列舉的三個自我激勵方式之後，請讀者也列出專屬於你自己的「碧海潮聲曲」。如果沒有，請花一點時間想想：

Q 什麼最容易觸動你的心？

（無論是勵志故事、名人照片還是使人振奮的音樂，每個人都一定能找出專屬於自己的那一個，能讓自己有感覺的物品或媒介。請列出至少三個，並且將其融入到生活中。）

玉女心經

從心做起，成功一定做得到

「玉女心經」也是許多人耳熟能詳的招式，在金庸的武俠小說裡，「玉女心經」是《神鵰俠侶》一書中重要的武術招式，牽繫著兩代的武功修行，乃至於愛情思念。表面上是古墓派林朝英所創，用來制衡全真派的武功，實際上，直到小龍女和楊過合練，才知「玉女心經」搭配全真功夫可以完美地分進合擊。

做為一個業務高手，就像練這「玉女心經」般，一方面修行自己的內功，一方面也能搭配外界的力量，共創生涯的新高峰。

「成功」，什麼是「成功」？

如果用登山來比喻，是不是所有攀登的辛苦過程，都只是為了登頂那一刻的榮耀？一旦在最高峰立上「到此一遊」的旗子之後，接著便是開始走下坡？如果是如此，那麼人生不是太悲情了嗎？因為「成功」與「快樂」只有短短的幾分鐘，其餘的時間不是痛苦的往上，就是失落的往下。

我認為，成功絕不是這樣的。

前述，我曾提過：人生之所以不成功，是因為人們沒有改變價值觀，不敢定義真正的成功，總是讓自己困在敏感度過低的「逃避痛苦」，以及不切實際的「追求快樂」當中。於是，「追求快樂」總是遙不可及，「逃避痛苦」就成了每天的習慣，連打一通陌生開發電話，都能觸碰到痛苦底線。

這裡將以另一種方式來闡釋成功，有的人因為藉口太多，一輩子一事

無成，但有另一種人則是對自己太嚴苛，他們可能會成功，但是成功的過程總是令他們痛苦。如果人生是一個幸福的生命旅程，那麼以另一種角度來說，這些自認為成功的人，其實並沒有達到真正的成功。

就像是，一個人賺得了全世界，卻失去了所有愛他的人。如此，真的算是成功嗎？

◎ 定義成功與快樂的三大準則

曾經，在某個美好的九月，天涼好個秋，我和三個好朋友一起開車去陽明山，想要享受泡溫泉的樂趣。我們幾個是無話不談的好麻吉，那一天邊開車、邊笑鬧，是充滿了歡樂氣氛的開端。

原本一路上涼風徐徐，天氣不熱也不冷，非常地舒適。但是，就在我們上山的途中，突然天昏地暗，不久之後雷聲大作，下起了狂風暴雨。

當下，每個人的心情都變了，那時候正在山路上，窗外是讓人越看心情越差的風雨，路上滿是汙泥，天氣變得又濕又冷。

後來，因為大家心情都不好，有人開始抱怨，有人接著回嘴，兩人的口氣都不太好，於是，大家都不高興了。最後，有人說：「算了！回家吧！不想去泡溫泉了。」於是，一行人就這樣打道回府。

這件事代表了什麼？

過程不愉快，最後也會影響結果。

我們的結果是：任務取消，也就是沒有達成泡溫泉的目標。

也有可能我們硬著頭皮繼續上山，但是因為心情不佳，大家玩得也不會愉快。

總之，過程不好，導致了結局也不好。

有人可能會說：「下雨這件事，是老天爺決定的啊！」

那麼，如果碰到人生中的暴風雨，例如遭遇不幸，或者過著霉運連連的日子，你就「注定」得繼續倒楣下去嗎？

當然不是。

因為，只要改變過程，就可以改變結局。

那一次的登山泡湯之旅是一次失敗的出遊。日後朋友們再見面，也有檢討。因為其實當時的我們還是可以改變後續發展的。

其實，如果我們當時改變心境，只要一個人的樂觀能影響其他三個人，那麼結果就完全不同了。

颱風下雨？那不正好嗎？我們要上山泡溫泉，濕冷的天氣泡溫泉更過癮。而且這種糟糕的天氣，上山的人肯定變少，那對我們是再好不過了，上山下山都不怕塞車。還有，既然天氣差，去泡溫泉的遊客少了，那麼溫泉旅館的老闆就可以更專心地招呼我們了，我想，當我們泡完溫泉吃飯時，老闆說不定還會額外招待我們小菜以聊表感謝呢！

所以，下雨天也實在是好事一樁啊！

當抱持的是這種正面心態時，車上的四個人反而會更期待，大家會更興奮地趕緊上山，享受一個不受太多遊客干擾的美好時光。

所以，我們當然可以透過改變過程的心境來影響結局。

同理，我們回顧前面提過的成功比喻——登山。

登頂快樂嗎？當然快樂，但那不是唯一的快樂。在我們的定義裡，登頂只是一個「里程碑」，但並不是最終的目的地。當我們改變思維，那麼原本只有短暫快樂的旅程，將會變成全程充滿樂觀的旅程。

為什麼？因為「里程碑」代表著生活中的一段高潮，然而生活還有許多高潮，包括登山前、登山後都有，並不是「目的地」就代表著唯一的結果。

這也像是跑馬拉松，最終的目的是跑完全程，但是在途中的每五公

里、十公里等地方，都會設有補給站，所以一邊跑，我們也持續會產生小小的成就感：「已經跑五公里了」、「已經跑十公里了」，所以整個馬拉松的過程，都是樂趣，只是當最後衝過終點線時，讓這樂趣達到了最大化而已。

再以之比喻人生，聰明的讀者就明白，追求成功是人生的一種快樂，但絕不能是唯一的快樂，而是像跑馬拉松那般，超越一個又一個的中途補給站，時時讓自己都產生快樂的感覺。

因此我常告訴學員：「你追求成功，但是過程如何過得快樂、開心更重要。」

因為許多人設立一個目標，卻沒辦法堅持到實現的時候，通常不是他不想要這個好的結果，而是因為這個過程太痛苦。

要享受過程、讓過程更開心，真正的祕訣就在於改變「價值觀」，「價值觀」是我們人生的指南針，也就是你認為人生最重要的依據是什麼？能讓我們分辨出何者為重、何者為輕。

而「價值觀」的定義設定有三個準則，一是「簡單」，二是「可控制」，三是「時常可達到」。

舉例來說，有人定義的「成功」是：每個月的收入要達到一百萬元。但是他並不是個企業家，只是個還在打拼的業務員。但是，他卻給自己設立了那麼高的目標。在現實上，他就算每個月拼命工作，最多只能賺到十幾萬元。

因此，他每個月都無法達成目標，也每天都不快樂。在這樣硬撐了半年之後，他反而開始自暴自棄，失去了以前的鬥志，變成了得過且過的青年，讓曾經關愛他的上司都連聲可惜。

我們不該重蹈這樣的覆轍。

我鼓勵我的學員做到以下的三大準則：

準則一、成功的定義要「簡單」

當然，這並不是要你隨便訂立個低標準就好，那樣是自我欺騙。你可以訂立一個具有難度、要努力才達得到，但是保證肯努力就一定能達到的目標。例如，下次的考試，總平均分數要達到八十五分以上；這個月的成交數目要達到十個客戶，或者營業額百萬元，或者利潤十萬元。

目標要足夠有難度，讓你想努力；但也要足夠簡單，讓你的努力不會白費。

準則二、成功的定義要「可控制」

也就是說，成功要操之在己，不要受制於人。

例如，有人追求女孩，目標設定要讓女生愛上自己，或許在電影裡這樣很浪漫，但在現實生活中感情的事不能勉強，她會不會愛你，決定權在她，不是你可以去強迫的。

在設定業績目標時，包括要拜訪幾個客戶、希望每天打幾通電話等，都可以列入自己的行程，而不需要等別人怎麼做，自己才能怎麼做。

準則三、成功的定義要「時常可達到」

這也是本章的重點，如果你只設立一個大目標，那麼就算成功了，你覺得快樂，但是也就開心在那一瞬間。可是如果你把目標細分成可以多次達成的小目標，那麼在每個小目標實現就都是快樂的。

其實在目標設定上，這也是長程目標、中程目標和短程目標的概念，就像是有人的目標是攀登百岳，那麼每攀登一座山，他就得到一次快樂；

有人的目標是成為億萬富豪，那麼每達到一百萬元，他就得到一次快樂，就算變成億萬富翁了，在達到第一億零一百萬元時，他還是能繼續得到快樂。

試著以這樣的方式定義成功與快樂，同時記得搭配自我獎勵。

舉例來說，我做業務銷售，我設定今天要聯絡十個陌生人，每聯絡一個人，我就有一種喜悅，當我聯絡完十個人，我就會給自己小小的獎勵：可以聽喜歡的音樂；或者是當業績突破一個金額時，我就讓自己去吃一頓大餐。

修改價值觀的定義，就是要讓過程很快樂，才能讓你堅持到實現目標。修改之後，你會發覺「我天天都很快樂」，同時也持續地朝成功邁進。

📍 價值觀的兩大評估標準

經常有人會問我有關成功的一個問題：

人生是否可以追求各方面的平衡呢？我們既事業有成，家庭幸福，又是億萬富翁，又是十項全能，上山下海都行的好玩咖。

在這世界上，是否真的有人可以在金錢、事業、家庭、人際、學習，以及最重要的健康上，事事都完美呢？難道，追求每個領域的卓越，不同領域之間不會互相牽制嗎？

而我的答案是：這世界上的確有人可以做到事事兼顧的地步，遠的不說，就拿臺灣許多知名的大企業家來說，他們是億萬富翁，也擁有幸福美滿的家庭，同時也愛心不落人後地做社會公益，記者也經常拍攝到這些企業家們帶著妻女戶外踏青的闔家歡樂畫面。

因此，追求平衡的幸福成功一定可以達成的。關鍵仍然在於價值觀，

而其中取決於兩個評估標準，如下：

評估標準一：價值觀的「程度」定義

老話一句，成功與否取決於你的「定義」，而「定義」因人而異。人人都追求完美的極限，但是人人也時間有限，不可能每個項目都做到極限、做到完美。

於是，這就需要決定價值觀的順序了。以我來說，我的第一價值觀是家庭，第二才是事業。因此，我會花更多心力在照顧家人上，與此同時，也積極追求事業與財富。但是任何時候，只要一影響到家人權益，如每個月的目標設定得太緊迫，導致每天都不能回家陪伴家人，那麼我就一定會調整。寧願業績的目標設定低一點，也不要讓家人孤單。這樣的結果，我可能事業無法達到最高峰，但還是可以追求一定的績效，同時我也能擁有美好的家庭。

但是假定另一個人的價值觀是事業第一，社會關係第二，家庭第三，那麼他的人生目標設定就和我完全不同，他可能更能達成億萬富翁的目標，但也沒有犧牲掉他的家人。只不過他的妻子陪伴他的時間，可能比我的妻子陪伴我的時間要少。這樣的取捨沒有對錯，端看每個人的價值觀設定為何。

最糟的情況是，一個人沒有事先定義好自己的價值觀，只是一味地人云亦云，模仿別人的目標，讓自己成為千萬富翁，到頭來，可能收入也有多一些，但是卻離婚了，日子過得不快樂，再來怪罪都是「追求成功」害他失去美好的人生。但是這是自我管理的問題，與追求成功這件事沒有關係。

評估標準二：價值觀的「優先順序」

價值重視「程度」，價值也重視「順序」。如同前面提到的，有人的價值觀是家庭優先、事業之後，有人則是事業優先、家庭之後。這沒有一定的對錯，這裡要特別強調的是：價值觀的順序與追求成功過程的關係。並且將價值觀再細分，以事業來說，事業是個大項目，但是我們對於事業的價值觀還可以再細分。

以我來說，我曾經是個上班族，我的心裡一直「想」要成功，但是想歸想，有好幾年我還是過著老樣子的生活，對自己不滿意，卻又不知道該如何突破。直到我檢討了自己的價值觀之後，才發現問題出在我對事業的定義排序有問題。

原本我的事業價值觀的排序是：安全感第一，追求自由第二。

對我來說，因為我很渴望自由（這是排第二的價值觀），導致我上班很不快樂，因為上班要聽老闆命令，經常得委屈求全，我不愛看老闆的臉色，所以也就天天不開心。

但是偏偏我的第一順位價值觀是「安全感」，也就是說，我希望工作有保障，我需要薪水給我安全感，而且這個價值觀要排在「自由」的前面。無怪乎，我老是不快樂，但是我卻寧願不快樂，還是要勉強自己待在上班族的世界裡。

這是我給自己設下的矛盾框架，我永遠活在「追求安全感」與「追求自由」的兩種衝突裡。

之後，我深思熟慮，用心去思考自己到底想要什麼樣的人生，如果我希望成為千萬富翁，那我的人生一定要改變。

我要想人生改變，就一定要改變價值觀。

於是我重新調整自己價值觀，把安全感和自由修正掉。我的事業價值

觀的新順位便是健康第一、愛與關懷第二、學習成長第三。

也是基於這樣的新價值觀，我自己出來創業當講師，因此健康就很重要，有健康的身體，才能幫助更多學員；而對學員要有愛與關懷，才會更了解學員需要什麼，也才能更貼心地協助學員解決問題；同時我一定要多學習、成長，才能擁有更多的知識與方法，才能幫助更廣大的學員。

就這樣，我先定義好價值觀的順序，接著才能追求成功的人生。

什麼是成功？

這件事沒有標準答案。

許多人以「財富」作為其中一個衡量標準，我也不例外，這沒有對錯。但我也要強調，其他的衡量指標也要能考慮，如此才是幸福、平衡的人生。

財富絕非一定的標準，許多有成就的人，好比如說雲門舞集的林懷民，達賴喇嘛，德蕾莎修女，民主鬥士翁山蘇姬。他們的成功定義，不以財富來衡量，重點在於他們清楚自己的目標是什麼，他們逐夢踏實，每天都過得愉快心安。就算遭遇苦難，也因為心中有清楚的願景，而有著踏實的快樂。

總之，你應該先預想自己想成為什麼樣的人，並以此調整自己的人生目標，以及相應的價值觀。

俗話說：「沒有過程，哪有結果？」

有太多人只想著未來想做什麼，卻不去檢討、分析想要達成目標的事前準備步驟。這就像是賣牛奶的女孩一樣，只會做白日夢，卻在最後不小心將頭上的牛奶盆打翻之後，就什麼都沒有了。

要改變人生的命運，就得先改變現在的想法。

可以一天先改變一點點，加總起來，一輩子就可以有很大的改變。

練功時間
檢驗你的價值觀

價值觀是一定可以調整的，如果你對現在的生活不滿意，這就代表著你需要調整你的價值觀。

Q 請列出，對你來說最重要的五大價值觀：

（我提出參考選項，你也可以有其他選項，如事業、財富、健康、家庭、自由、信仰、學習、名聲、公益、助人、心靈、贏、成就感、成功、快樂、幸福、熱忱、堅持、自信、誠實、愛、關懷、目標、責任感、友情、安全感、影響力、冒險、名聲等等……）

Q 請列出，對於追求成功，你的評核標準是什麼？

（試著將健康、家庭、財富、名聲，自由、安全感、目標等影響你事業的各種因素包含進去。）

Ｑ 如果你真正要追求成功，你希望的價值觀順序是什麼？將它列出來。

Q 但是，現在你實際上的價值觀順序是什麼？將它列出來。

....

....

....

....

....

....

....

....

....

....

....

....

....

（調整好之後，將它整理在小紙卡上，隨時檢視自己是否有依調整之後的價值觀過生活。如果有，就更容易過著你想要的幸福、快樂人生。）

乾坤大挪移

顛覆自己的弱勢，增強成功體質

不論你有沒有讀過金庸小說，多數人都聽過「乾坤大挪移」，這個詞已被廣泛用在生活各個層面上，例如在政經新聞，也常出現某企業家如何「乾坤大挪移」地調度資金，然而這個詞經常與金融犯罪連接在一起，帶有負面的意味。

但在武俠小說當中這卻是一門絕世神功。可以說是小說《倚天屠龍記》裡最酷的一門武功招式。這個招式的重點之一，在於顛覆想像，顛倒陰陽，以人所難料的方式運氣。如張無忌決戰光明頂，就是靠「乾坤大挪移」一戰成名的。

現代人個個都想一戰成名，所謂「江山易改，本性難移」，人們一方面繼續用舊習慣、老方法做事，一方面又冀望發生奇蹟，希望成功突然找上門來，這些都只是懶惰者的癡人說夢。

而「乾坤大挪移」就是要大幅改變一個人的心性，同時這個招式有個特色，就是徹底發揮一個人的潛能，業務員人人都應該修習這招「乾坤大挪移」來改變自我。

成功，人人想要。

「但是……」

是的，這就是問題所在，有太多的「但是」阻擋在我們面前。

「我也想要完成這個任務，但是我身體不太舒服，想早點休息。」

「我想要達成這個月的業績，但是老闆訂的目標實在太高，誰都做不

到。」

「我真的想要變成千萬富翁，但是這個環境不給我機會去嘗試。」

如果當年的賈伯斯（Steve Jobs）說：「我有一個好的創意，但是，我只是個大學生，所以還是算了吧！」

如果馬雲說：「我想要讓每個企業都有個好平台可以賣東西，但是，我只是個不懂電腦的英文老師，所以還是算了吧！」現在就不會有他們改變世界、改變華人的一番成就。

人人都可以有藉口說「但是……」然而，只有那些能突破「但是……」牢籠的人，才能成就一番事業。

要突破牢籠，就要先進行自我改造。

別擔心，不用像科學怪人一樣進實驗室，也不必靠深奧的禪修或靈修來強化，這是一種人人做得到、簡單的自我改造。

問對問題，就能導引正確方向

這世上各種精密的儀器都附有說明書，但是唯獨一個全宇宙最精密的物體，沒有說明書。

那就是人類的「腦」。

人類，自稱萬物之靈，足跡上天、下海，甚至到了月球。然而直到今天，我們對自己的腦還有太多未知的地方，科學家甚至說：「人類的腦至今只開發了不到10%。」

我們雖然未能理解完整的大腦運作機制，但就已經理解的部分，就能派上很大的用場。特別對業務人員來說，懂得運用大腦機制，對業績非常有幫助。

你是否聽過「要找到正確的答案，就要先問對問題」呢？

舉一個生活中常見的例子：

在一個班級或團體裡，會議主持人針對一個提案要大家進行表決時，他如果問：「大家贊不贊成這個提案啊？贊成的人請舉手。」或者是問：「大家贊不贊成這個提案啊？不贊成的人請舉手。」

依照經驗，後者的問法更容易讓提案通過，因為人的本性就是「先保守，再主動」。當要贊成的人舉手時，有的人因為心中有點猶疑而沒舉手，就被視為「不贊成」方。相反地，當要不贊成的人舉手時，有的人也是心中有點猶疑，而沒舉手，卻被視為是「贊成」方。

理論上不管怎麼問，「贊成」和「不贊成」的比例應該是一致的，卻會因為問法的不同，導致最後統計的數字完全不同。

現代的心理專業人員已經很懂得此類技巧。

因為「問話」就像是交通警察指揮交通，你的問話可以指引司機將車子開到不同方向去，這是心理勵志上很常見的例子。當你用正面的問句和自己對話，你腦中回應的就會是正面的事情，因為腦子原本是「中立」的，是你「餵」他一個理由之後，他才接著產生了一連串的思維。

當我們用心地思考一件事情，總能找到答案。

例如：我們想「為什麼要分手？」那麼大腦總會幫你找到各種分手的理由，於是兩人只好分手；我們問自己「為何會失敗？」於是大腦會幫你找到各種失敗的理由，找得越多，你就越沮喪。

太多人的人生遭遇困境，原因不是別人造成的，而是自己問自己太多「錯誤的問題」。

試著改用另一種方式詢問：「我為什麼可以成功？」輸入這個問題，你一定可以找到答案，最後你就會成功。

同樣地，你要讓業務員能成交客戶，就要問「業務員為何能成交客戶？」因為客戶願意和你買東西。「客戶為何願意和你買東西？」、「因

為……」當你這樣聯想下去時，你就能抓住業務銷售的技巧。

可以做個簡單的實驗。

給你一分鐘的時間，請你找找看，在你的周遭有什麼東西是紅色的？

一分鐘之後，我再詢問你。

於是，你可能開始很用心地往四周瞧一瞧，你突然發現，原來有很多東西是紅色的！花是紅的、地上的磚是紅的、同事的髮飾、樹上不知名的果子、書本的書衣、會議室的擺設……有太多、太多了。

一分鐘之後，你正要回答時，我卻忽然問你：「請說出我們身邊有什麼東西是藍色的？」你可能一時之間會愣在那裡，完全想不起四周有什麼東西是藍色的。但是明明剛才你已經往四周看了一圈，為什麼還是「有看，沒有到」呢？

這就是人性，你的腦子會接受你的指令，你「專注」於什麼，就會產生什麼。

你一定有過這樣的經驗，當你關注一件事情時，忽然之間，發現滿街都是那件相關的事情。好比如說，當我老婆懷孕時，我走在路上就發現——這邊有孕婦，那邊也有孕婦，捷運上有孕婦，連我自己課堂上的學生當中也有孕婦。

咦！以前我怎麼沒有發現有這麼多孕婦呢？這些孕婦難道是一天之中冒出來的嗎？當然不是，孕婦原本就存在了，只不過在你原本的腦海裡，並沒有特別注意「孕婦」這樣的人。

現在，試著問自己正確的問題。例如，問自己「為什麼會成功？」你越想，就越覺得「我應該成功的，有太多理由讓我可以成功。」

你以前為什麼不成功？因為你把焦點大多放在和「成功」不相關的事

情上了。你把焦點放在「怎麼穿最好看？」、「假日該去哪裡玩？」、「我喜歡的偶像明星會在哪一個電視台出現？」、「我的『魔獸戰場』打到第幾關了」……。

因為你關注，所以你得到你想要的。

因為你問了相關的問題，所以上天告訴你「假日可以去陽明山約會」、「這個月有五月天演唱會」、「『魔獸』又有新道具可以拿了」……

至於「成功」，上天會說：「你有問過我這個問題嗎？」

想想，你有嗎？

這就是問題所在。

沒有理所當然，命運可以自己創造

當我們登山時，有根樹枝擋在前方的路上，我們會不會說：「前面被樹枝擋住了，我們打道回府吧！」不會，因為我們覺得路被擋住了，但是我們可以跨過去，或者是把樹枝砍斷，一定有辦法可以過去的！

那麼，為什麼在現實生活中，當我們碰到各種困難時，卻會被「擋住」呢？這一種「被擋住」的狀況，已經變得很普通，以至於許多人說的話都會那麼地「理所當然」：

「經濟不景氣，所以我們日子難過啊！」

「老闆只給我們22K，我們一輩子都買不起房子了。」

「公司沒給我足夠的資源，所以我們無法推動業務。」

每個理由，想想似乎都很對。

因為經濟真的不景氣，生計都不保了，前途當然黯淡；一個月只領22K，存個五十年也買不起台北的一間廁所啊！現在行銷做什麼都要錢，

公司不編列行銷預算，我什麼事都不能做！

這一切都很合理、都很理所當然，任何人都不能說你錯。

是的，任何人都不能說你錯，因為你也是「任何人」之一。

什麼叫「自甘平凡」？這就是自甘平凡。

現在，就讓自己練練「乾坤大挪移」吧！正因世界上有太多的理所當然，所以成功者只是少數。

試著讓自己去突破那些不可能。

大家都說這個客戶很硬，你不可能談成的，那麼你何不去挑戰看看？

大家都說要月入一百萬元，如果有人認為你是不可能達成的，那麼你何不做給他們看？別讓他們看不起你。

特別是從事銷售領域的你，更不能預設立場，還沒出門就覺得這門生意「不可能」。

其實很多事情原本都是不可能，很多商品的存在，原本都是沒有理由的。所有的理由都是「被創造」出來的。

有句話說：「需求是發明之母」。有許多業務人員喜歡從需求面來推銷產品，告訴客戶「這個東西有多好用，你一定要買來，因為對你很有幫助。」

但是別忘了，很多商品其實是被創造出來的，不完全是基於一個需求。假設我們乘著時光機回到兩百年前的世界，詢問當時的人，請他想像一個讓他快速移動的方式，他們再怎麼想，提出的答案頂多是跑得更快的馬車，騎上一匹千里馬等方式，絕不可能會說出可以搭乘跑車、搭乘噴射機這樣的答案，因為這些已經超出他們那個年代的想像極限。

同樣地，許多現代商品的銷售也不是依照「消費者原本的需求」，而是依照「被創造出來的新需求」。

例如，你問消費者「為什麼喜歡牛仔褲？」原本牛仔褲的價值是在於

「耐用好穿」，但如果我們針對這個問題詢問，就會出現「穿牛仔褲很酷」、「穿牛仔褲輕便、舒服」、「牛仔褲能展現青春活力」等答案。一開始只是簡單的牛仔褲，當我們賦予它更多意義的時候，牛仔褲就變得更被需要。

而一個成功的業務人員，如果能透過詢問正確的問題，就可以引起消費者對這個商品更多的興趣。

就像牛仔褲已經被改變了定義，被賦予了更多可能，變成了一種個人形象的表徵；就像腳踏車，曾經只是一種代步工具，然而現在已搖身一變成為高階的休閒運動器材；就像一位已經六十五歲、幾乎身無分文的老先生，最後卻能打造出全世界頂尖的速食企業集團——「肯德基」。

他們「本來」都不是這樣子的，他們「本來」都不可能成功的：牛仔褲只是工人穿的勞工褲；腳踏車早就應該被淘汰，只剩鄉野地方還有人在騎；六十五歲一事無成，他一輩子就這樣了啦……

結果，他們卻打破了所有的「理所當然」。

問對問句，改變自己

今天起，你是否想給予自己的成功很多理由？還是你寧願給自己的失敗很多理由？

人生不是催眠自己成功，就是催眠自己失敗。

Q 寫下你為什麼要讓自己人生過得更好的五十大理由：

....

....

（你可以將這五十大理由列印出來，並護貝放進皮夾、包包裡，當你
碰到挫折時，就可以拿這張紙卡起來，看著唸一遍。因為，你就是導師，
你就是自己人生的催眠師。）

獨孤九劍

無招勝有招，自立自強最高招

不論你有沒有讀過武俠小說，一定聽過一句話──「無招勝有招」。這句話的意思，並不是說什麼都不會的人也勝過懂一招半式的人，而是指：當一個人可以將技術靈活應用時，就絕對勝過技術雖好卻不知變通的人。

在金庸武俠裡，最著名的「無招勝有招」就是指「獨孤九劍」。獨孤九劍的意境乃是跟隨中國哲學莊子，以「無用之用乃為大用」為原則，仔細觀察對方招式，迅速找到破綻，攻其所必救。當掌握住原理之後，就算手中是木劍，也能夠傲視群敵。《笑傲江湖》裡的令狐沖，因此成為了劍術高手。

在銷售的領域裡，要想成為「無招勝有招」的高手，輕鬆應付各種狀況，最根本的業務大法不是什麼客戶說服技巧、溝通必勝技巧，這些都屬於外功的範圍，最根本的還是打造出一個強大的自己，當自己夠強大時，那麼面對到什麼樣的狀況都無所畏懼，這不正像是「獨孤九劍」一般，四處無敵？

什麼是世界上最強大的武器？

不是原子彈，不是氫彈，也不是什麼生化武器。

而是人腦。

我們每個人的腦，是世界上最強的武器。當一個人的腦是脆弱的，做事情就會惶恐害怕，就算他擁有頂尖的武器，也是個弱者。當一個人擁有

堅強的心志，活力充沛的大腦，那麼就算赤手空拳也是個高手。

因此，世界上最可怕的戰爭，不是轟炸敵方的領土，而是對敵人的內心灑下恐怖的種子，這正是恐怖組織的作法。

作為一個成功的業務員，要能以無畏無懼的態度，充滿自信地拜訪客戶、迎接挑戰，最主要加強的武器，就是自己的腦。

只有建立正確的信念、正面的思維，才是銷售無往不利的成功關鍵。

全新自我，全新思維，造就全新人生

「信念影響思想，思想影響行為，行為會影響結果。」

「信念」非常重要，但是由於每個人的信念是從小累積而成的，一個孩子當然還不懂什麼是正面信念、什麼又是負面信念，然而從小累積的各種記憶和負面經驗，卻會形成根深柢固的思維。到了成年，許多人養成了錯誤的生活模式，卻又不知如何調整，追根究柢，往往要從修正成長過程的源頭做起。

而一般最常見的錯誤信念，就是對「金錢」的信念。

每個人都想要富有，但是弔詭的是，當我和許多人談論他們對錢的看法之後，卻發現他們的金錢觀植基於錯誤的信念——他們一方面想賺錢，一方面在潛意識裡又排斥錢，這也使得許多人雖然每天渴望能富有，卻始終無法真正存到錢。

這些人對於金錢錯誤的想法，包括：「錢賺來，就要花掉」、「有錢人賺得的錢都是不義之財」、「有錢人一定要犧牲別人的幸福，才能變得有錢」等等……

也許當事人沒有意識到自己有這樣的思維，只有在深入溝通之後，人們才會發現，原來自己在潛意識當中「不希望自己當個有錢人」。

而每個人的信念都是從小累積而成的，舉例來說：

甲先生是個優秀的企業中階主管，每個月的收入其實不錯，但是一直以來他都存不了什麼錢，就算有大生意，當月獲得了高佣金，但是到了月底，存款還是只夠生活花用。

和他深談之後才了解，甲先生從小生長在一個父親有暴力傾向，母親天天過著擔心受怕日子的環境裡。偶爾父親良心發現帶錢回家，母親就得要趕快好好運用這筆錢，購買該用的東西，否則哪天父親喝醉了，又會翻找抽屜，把錢拿去買酒。於是，甲先生從小就受到這種根深柢固的金錢觀影響，認為「手上有錢就得趕快花掉，不然就會被拿走」。

乙小姐也是個收入不錯的專業人士，但是多年來她的金錢觀念卻很糟，她刷爆了幾張信用卡，也有一些信用貸款，這讓她每個月都為繳款而頭痛。

分析她的金錢觀念，追根究柢，同樣是小時候的成長環境造成的。原來乙小姐的父親很疼愛她，從小就對她細心呵護，但就在乙小姐唸中學的時候，正值壯年的父親卻無預警地因心血管疾病而英年早逝。

這件事帶給乙小姐相當大的衝擊，她在當時就植入了一個思維──「人生無常，人生苦短，錢賺再多都沒意義，人說走就走，還不如即時行樂。」就是這樣「及時行樂」的觀念，導致她日後的人生「消費第一，賺錢第二」的行為模式。

上述只是理財方面的案例，其他包括了人際關係模式、敬業態度、做人做事是否負責任等許多基本思維，都成型於小時候的成長記憶。

好在，成長的記憶只是影響人們生活模式的一大因素，仍然有其他因素可以改變我們。而能夠影響我們信念的四大要素，如下：

1. 成長記憶

2. 名師指引

3. 重大刺激

4. 知識與學習

大部分的人若沒有名師指引，或者碰到重大事件，例如：遭逢巨變，一夕之間被人倒帳千萬，環境逼迫人成長。那麼很自然的，長大成人之後，就會依照從小養成的信念來處世。就像是一個人若出身在一個與世隔絕的山中農村裡，那裡人人過著種田、自給自足的日子，從來沒有人想過要賺大錢、當企業家，那麼，在這個農村裡長大的小孩，就會照著這種模式過一輩子。

為了避免貧窮世襲，因此，知識和教育的力量就很重要，例如讀者閱讀本書，也是一種知識的學習。

雖然過去我們已經累積了許多負面的信念，無論是對金錢，還是工作，都有著錯誤的信念。然而今後我們將透過自我教育、自我加強，來改變自己、建立正面信念，進而帶來成功人生。

舉例來說，我每天都會花一些時間來加強某些信念。

方法是：閉上眼，深呼吸，吐氣，感受一下自己身處在宇宙的一個能量場裡。

然後念出以下字眼：

「我希望成功。」

「我會成功。」

「我要成功。」

「我就是成功。」

或者念：

「我希望有錢。」

「我會有錢。」

「我要有錢。」

「我就是有錢。」

如果自己一個人在家中，就可以大聲地唸出來；如果在工作場合不方便大聲念，也一定要在心裡默默地唸。

當然不只是唸出來，你還要用心去感受。例如，想到「成功」，你就想像一個畫面，想像自己變成一個企業家楷模，被邀請去對一千個聽眾演講，你想像台下有那麼多雙的眼睛都崇敬地看著你。

這是需要練習的。

當我帶領我的學員們做這樣的嘗試時，一開始有些人會覺得有些不知所措，甚至會呼吸不順，覺得不自在、不舒服，這表示他們原本有著根深柢固的負面思維，如今我們要在大腦輸入正面的指令時，難免和舊有的觀念衝突。這需要時間來調整，但是一定得調整。

唯有改變自己的信念，才能創造你的新人生。

建立正面心錨，迎向成功人生

提到信念，就一定要強調正面價值觀的建立。

人類和所有動物一樣都會受到經驗制約。當正面的愉快經驗連結到某個行為或價值觀時，人類就會對這個行為不斷地產生正面加強。相反地，如果負面的不愉快經驗連結到某個行為或價值觀時，就會導致扣分的效果。前面曾提到童年不愉快的經驗，當其與金錢連結在一起時，結果就是讓人養成「賺錢就要趕快花掉」的錯誤行為模式。

現代心理學家已經發現，只要能夠建立適當的制約，就可以調整一個人的負面行為。這原本是運用在心理治療，但是作為一個業務員的正面觀念養成，或者追求成功的人培養正確的良好行為，都是很有幫助的。在本書的業務外功篇，我們也將提到，透過制約作用可以對業務銷售帶來很大

的助益。

這樣的制約，我們用一個專有名詞來代替，就是「心錨」。

什麼是「心錨」呢？簡單來說，就是某個印象、動作或聲音，會影響一個人產生對某個行為的正面加強或者負面加強效益。這種連結是非常直接的，就好像醫生拿著小鎚子敲你的膝蓋，你的腳就會自動往前踢。

而一個被連結的「心錨」也有這樣的效果，當A現象出現，就會導致B行為的加強。

舉一個知名的例子。

有科學家以一隻狗做實驗，每當送餐餵食的時候，科學家就會搖鈴，每次送餐時，每次都搖鈴。到了後來，就算不送餐了，只要一搖鈴，狗兒就會流口水。

有個人聽到某首歌曲，就會心境平和，因為那首歌讓他想起小時候母親和他相處的溫馨回憶；也有人聽到某首歌曲，心裡就會浮現淡淡的哀傷，因為那首歌讓她想起她的苦澀初戀。

這些都是「心錨」，搖鈴是「心錨」，連結用餐這件事；歌曲是「心錨」，連結過往的回憶。其他像是一幅畫、一件外套、某種髮型、某個背影等等，對不同人來說，都可能會帶來不同的連結，成為他們的「心錨」。

而在鍛鍊成功心志的業務員培訓課堂上，我們也會以建立「心錨」的方式，來訓練學員成長。

我經常觀察業務員，我就產生了一個疑問：「為什麼有很多業務員那麼害怕打電話呢？明明電話是他們的生財工具，但是為什麼有些人一拿起話筒就覺得惶恐呢？」原因就在於他們和電話之間已經產生了負面的「心錨」。

這種現象雖然很普遍，但是道理其實很簡單。

因為每個業務員都有過打電話被拒絕的經驗，而且失敗的機率遠遠高過成功的機率，「心錨」是累積起來的，就好像信念也是累積起來的。一次打電話被拒絕、兩次打電話被拒絕、三次打電話被拒絕……每一次的拒絕都加深了負面的連結，久而久之，「打電話」等於「被拒絕」，所以造成許多業務員都害怕打電話的「心理創傷」。

因此，當我訓練業務員時，我要訓練他們克服負面心錨，另外重新建立起正面心錨。

以打電話這件事來說，如果有人對打電話有抗拒心態，不敢進行詢問、邀約，我就會要他們先練習坐在電話前面，閉起雙眼，開始想過去和電話有關的美好畫面、想像好的事情，感覺自己聽到美好的聲音，感受到那時的幸福甜蜜。

當想像到達巔峰時，再開始打電話，此時他談話的心境是愉快的，就算被拒絕，也能想成只是另一次無緣卻仍然珍貴的交流。一次又一次地建立，就可以將負面心錨轉變成正面心錨。

前面說過，建立心錨要有一個「連結點」，當我們要建立正面心錨時，就要設立一個連結點。許多人有這種習慣，每當做一件事情成功的時候，就比出一個代表勝利的V字形手勢，每當看到這個手勢，就代表了成功的意思。在同事、朋友之間，要為對方打氣，也會經常比出這樣的手勢，對方看了，心裡也會產生振奮的心情，這就是一種心錨的建立。

這裡與讀者分享建立心錨的六大步驟：

步驟一：在感覺最強烈的當下，讓整個細胞神經有好的經驗

每當你聽到讓自己開心的聲音或話語時、每當你體驗到好的經驗時、

每當讓你自己高昂振奮時，這些都是可以建立心錨的基準。

步驟二：當正面感覺強度越強，就越是可以作為準確時間設立心錨的時候

設立心錨的最強時刻，就是正面感覺強度最強的時候，通常正面感覺升到最高點，或者準備邁向感覺最高點的時候，這些都是設立心錨的黃金時刻。

步驟三：心錨設立須具有獨特性

前面提過代表勝利的V字形手勢，這也是一種心錨，但是因為這手勢太過普遍，力道會比較弱。如果要對你產生個人意義，那就得建立起屬於你自己的心錨。

心錨，有時候是個物品，例如：舊照片，每當你心情不好的時候，翻翻那張照片，就能打起精神來。

心錨，有時候也可以是一種聽覺、觸覺或味覺，例如：有人聞到麵包香，就會覺得有種溫馨的感覺，心情不好時，他聞到麵包香，就會覺得放鬆。

許多名人也都有自己專屬的心錨，例如：NBA籃球明星麥可‧喬登（Michael Jeffery Jordan），他每次投籃時，都會有舌頭伸出來的動作，這是他的一個專屬心錨。心錨必須具有獨特性，如果隨處可見，或者和其他動作重疊，那就不是具有影響力的心錨。

步驟四：心錨必須在固定的地方，並容易使用出來

例如，有人勝利時會揮動右手，或者跺腳喊YES。這些動作，由於每次興奮、開心時都會使用，每使用一次就加強一次，是很具效果的心錨。

而心錨也不能太過複雜，如果像進行什麼儀式一樣，要擺出好幾個動作才是完整的一套，那麼這樣的心錨就太麻煩了，反而變成一種壓力。

步驟五：運用心錨的次數要多，要不斷重複

一開始是只有碰到特殊狀況時才使用心錨，但要讓這樣的加強變成一種習慣。以業務員來說，每天強力運用心錨，重複為學習之母，不斷地給自己正面力量，久而久之，你真的被自己鍛鍊成一個業務高手。

步驟六：將這種正面力量形成循環，運用一生

例如，有一個成功的業務員，他的心錨標準動作就是：右手捶胸口兩次。當他遭遇到挫折時，如一被客戶拒絕，他就做這個動作，重新給自己打氣，意思是「加油，這挫折沒什麼，我是最優的！」

他一做就做了二十年，現在已經是企業總裁的他，每當做任何重大決策之前，一定還是做這個動作，因為這讓他的心境更平和，可以做出最佳的決策。

學習建立心錨

今天起，為你自己建立起長久有效的正向心錨，並且將它逐步融入到生活習慣當中。

你可以準備一本生活紀錄簿，寫下每天所發生的正面事情。接著你會發現，正面的事會越來越多，一些從前被你認為是負面的事，在經過心錨鍛鍊之後，也開始轉為正面。

Q 今天所發生的正面事情：

雙手互搏

手腦並用，持續加強實力

《射鵰英雄傳》裡有一個笨頭笨腦的青年，後來成為全天下最厲害的英雄，他名叫郭靖，得洪七公傳授「降龍十八掌」、又習得「九陰真經」，武功高強，天下無雙。但郭靖武功大增還有一個關鍵，那就是當他被困在桃花島時，與老頑童周伯通習得「雙手互搏」的奇功，等於一人可以同一時間使出兩樣功夫，讓敵人更難招架。

「雙手互搏」，重在分心二用，一般人以為要絕頂聰明的人才能辦得到，殊不知剛好相反，要練此功，最重要的是心境的單純，越是善於算計的人反倒越練不成。

業務高手們要秉性良善，一心為顧客著想，可以運用此招「雙手互搏」及手腦並用的方式，發揮更大的銷售威力。在業務心法上，這幫助你鍛鍊自己成長、也促使業績成長。

前面談了各種鍛鍊心志及培養正確價值觀的方法。

萬變不離其宗，讀者一定掌握到了兩個關鍵字，一是「心到」，二是「手到」。其中包含了培養正確的信念、定義價值觀、建立正向的心錨，這些都是屬於「心到」。至於如何具體落實，包含了透過錄音、照片、音樂，以及建立心錨激勵自己，都是屬於「手到」，也就是「做到」。

本篇要分享更多讓你能心腦合一，以打造成為業務高手的日常訓練方式。

重複的力量，大無窮

天底下沒有真正的天才，所有的成功者都重視「重複的力量」。

不信？問問那些名滿天下的神廚們，難道他們只是會背背食譜、懂得調調火候，就能成為神廚嗎？所有的神廚都會告訴你，他們都是從基本功做起，當你將小事做到熟練，自然而然就會形成習慣的一部分。

一個學徒從削馬鈴薯做起，他天天削、天天削，削到後來只需三秒鐘就能削完一顆，完全成為習慣動作。日後，不論他宰雞、剖魚、切菜末、削肉片都能行雲流水，所謂庖丁解牛的功力，都是從小動作「重複」而來。

國際知名的大提琴手馬友友是如何成功的？也是不斷地重複練習、再重複練習。練習到什麼時候？沒有期限。「重複」已經融入他的生活，只是變得更加快速。

世界第一的業務高手是如何誕生的？也是不斷地重複銷售、再重複銷售。銷售到什麼時候？沒有期限。重複已經成為一種力量，任何時候他都可以自然而然展現銷售的功力。

滴水可以穿石，不因滴水的力量大，而在於滴水重複、再重複的堅持。

號稱世界上最堅硬的鑽石，仍然可以切割，否則如何變成美麗的首飾，戴在美女的手指上呢？而使用雷射聚焦切割鑽石的力道，就是一種專注的力量。所謂「重複的力量」，也就如同這樣的聚焦，也就是專注的力量，當你將這樣的力量聚焦於成功，你就能成功。

在一個業務單位，或者任何一個公司單位，上司總會告訴菜鳥：「一開始你什麼都不懂，問再多問題也沒用，貪多只會嚼不爛。對新人來說，最好的成長方式沒有其他，就是四個字『聽話照做』。」

這所謂的「照做」，就是「重複」的意思，一開始是重複上司或前輩教你的步驟，他要你每天打十通電話，你就打十通電話；他要你每天背下產品的十大優點，你就背下十大優點。你沒有質疑，沒有偷懶，沒有打折，沒有標新立異。一旦重複別人的動作，重複到自己也會做之後，接著就是重複自己「成功的經驗」。

本來打一通陌生開發電話，說沒兩句話，客戶就掛你電話。後來重複上司教你的訣竅，現在可以讓客戶在話筒另一頭多聽你說兩分鐘，才掛你電話。很好，你進步了。繼續重複你正確的部分，再修改過程中你的缺失。

終有一天，換你站上講台教導新人「如何可以像你一樣月入數十萬元、數百萬元？」你得誠實地告訴他，成功之道無他，就是「重複、重複、再重複」。

在《射鵰英雄傳》裡，郭靖習得「左右互搏」，前提是他已嫻熟每門武功的基本功，正因為對每門功夫都滾瓜爛熟，所以當使用「左右互搏」時，才能如本能般地，左手使出一門功夫，右手使出另一門功夫。當基本功不到位時，就只能左支右絀，連施展都有困難，更別談對抗敵手。

每個成功者都有正確的信念，這些信念不是強迫硬記，也不是背誦成功學的幾大法則就能成功，而是要將那些成功觀念自然而然地留存腦中，成為自己思想的一部分，才能稱為「信念」。

當這些正確的信念如同呼吸一般地自然時，就是一個人成功的開始。

所謂的高手，他們做那些一般人覺得難如登天的事，卻像是吃飯、睡覺般的自然。就像電影裡的英雄，身入敵營了，槍槍中標，滅敵如秋風掃落葉。爆破來自於電影特效，但是英雄的氣度卻來自於成功的信念。

而成功的信念無他，還是那句話——「重複、再重複」。

福特汽車創辦人亨利‧福特（Henry Ford）曾說：「你相信你能，或

你不能，都是對的。」

今天你要對主管說：「對不起，打電話不是我的專長，我無法做電話銷售。」你這樣說是對的，後來你也用事實證明，你真的不能勝任這類工作，因此你只能做月入兩萬元的行政人員。

沒人可以說你錯，因為你的成就來自於你的定義。

今天你對主管說：「我明年一定會成為本單位的業績冠軍。」你這樣說也一定是對的，沒人會說錯。因為後來你也用事實證明，你真的是業績冠軍。

這就像是你去自助餐廳吃飯，你拿著餐盤，要點一份青菜、一個排骨、一個滷蛋、一份炒蛋，師傅就依你的吩咐給你這些菜。你如果要節食，只點一碗白飯，加幾顆青豆仁，師傅也是給你這些菜。

你要什麼，人家就給你什麼。這世界就是這樣。

如果宇宙就像那位師傅，你點什麼菜，就給你什麼菜。

那麼你要點什麼呢？

當然，你要點「成功」、要點「財富」囉！

但是為什麼你點了，宇宙卻沒給你呢？因為你心口不一，你嘴裡說的和心裡想的不一樣。要知道，和宇宙下訂單，不是用嘴巴說，而是要用心念溝通，當宇宙聽到的是你想安逸、想得過且過，他也就照著你的訂單，給你這些東西。

所以，我們要成功，不是要背誦，那是嘴巴的動作。而是要灌入你的潛意識裡，只有當潛意識這麼想，才能發出信念，向宇宙下訂單。

要如何灌輸呢？還是那句話，「重複、再重複」。

也就是，你得要說服自己。

我知道這很不容易，如果一開始做不到，也不用自責。就像是，神廚一開始也是個削一顆馬鈴薯要花十分鐘的肉腳學徒啊！

以下說明如何「重複」：

步驟一：先寫下你的人生十大目標

也就是，寫下你要向宇宙下的訂單，你想要達到的目標或者想得到的東西。

步驟二：一定要用第三人稱表達

如同前面章節我們提過，左腦會過濾第一人稱的目標，因為覺得不理智、不可能，但是如果改用第三人稱來說：「○○○，你會變成千萬富翁。」那就是一種設定，就是一種肯定。

步驟三：適時應用正面心錨

如果有某首歌曲讓你聽了很振奮心情，那就搭配這首歌曲來闡述這十大目標。例如：「洛基」、「堅持」、「再出發」等激勵人心的歌曲。

步驟四：眼到、手到、心到

當你每天寫這十大目標，天天寫、天天看，這是「眼到」和「手到」。搭配音樂，讓這十大目標進入你的內心，那就是「心到」。

步驟五：十大目標要具體

列出十大目標，並且要具體。

例如，「○○○，你會變成一個千萬富翁」，這不夠具體。

「○○○，你什麼時候變千萬富翁？」你要思考，是明天變千萬富翁？還是一百歲的時候變千萬富翁？你要寫成「○○○，你在二○一六年十二月底結算今年總收入時，會超過一千萬元。」

以上五個步驟，要天天做，重複、再重複。這也是一種自我催眠，讓自己進入成功者的狀態，終有一天，你就會成為那一個你設想的成功者。

運用正面力量為自己加分

如同「左右互搏」的功力，將兩種武功加總，威力無窮。

當我們激勵自己時，也要尋找各種輔助讓功力加乘。

那麼，有哪些力量可以幫我們加分呢？

一、公眾承諾的力量與情境式的督促

前面我們提過，如果業務員在公開場合對全體宣布自己的目標，就會成為一種督促自己要達到目標的力量。

這裡還有一種方式，稱為「情境式的督促」。

例如，我看到一個頒獎場合上，有幾位大師正在接受表揚，會後我會請求與他們合照，然後將這張照片放在我的電腦桌布上，和自己說：「明年，我就會出現在這個頒獎場合上。」

這其實是我的真實案例，我參加「二○一四年世界華人八大明師大

會」時，我與八大明師合照，作為自我勵志。很榮幸的，隔年我真的名列「二〇一五年八大明師大會」的講師陣容，甚至於「二〇一六年八大明師大會」，我仍然名列講師之一，這便是情境式的督促力量。

二、如影隨形的力量

我將自己與八大明師的合照放在我的電腦桌布上，讓我一開電腦就可以提醒自己。因為電腦是我每天都會接觸到的介面，所以我一定每天都會被提醒，每個人都能有提醒自己的方式。

有些孩子做得很好，他在房門朝室內的那一面貼上他嚮往的成功人物海報，例如，貼上麥可‧喬登，希望像他一樣積極、上進、了不起。當然，如果只是貼偶像的海報，崇拜的是偶像的外表，那就不屬於成功激勵的範圍了。

現代人生活中最常見的介面就是智慧型手機，因此在手機桌布上放上你想效法的名人，例如，鴻海創辦人郭台銘，或者阿里巴巴創辦人馬雲的照片，都是一種方法。

如果你覺得男生的手機桌布放男性企業家的照片有些奇怪，那麼就放上你的全家福照片，每當你看到照片，想到你的工作可以帶給妻子兒女更好的生活，你就會更加地有衝勁。

可以如影隨形提醒你上進的物品很多，包括你的車子、辦公桌、公事包，甚至你家的廁所馬桶旁邊都可以放上一些勵志的東西。我知道有一位成功的企業家，他在家裡的馬桶旁邊擺了一系列成功人物的傳記。只要上廁所，那些偉人故事就能激勵上廁所的人，今天出門繼續打拼。

三、同好互勉的力量

「近朱者赤，近墨者黑。」

有句話說：「我只要看看你最好的五個朋友的生活型態，就可以想像出你是什麼樣的人。」

成功者一定要和成功者在一起，當然，成功的定義人人不同，這裡的意思是指「願意追求自己更上一層樓的人」。

當兩個人在一起，損友是互吐苦水，互相抱怨，然後一起沉淪。

或者一人往前時，一人卻扯後腿地說：「唉呀，不要那麼拚，今天我們去喝酒。」

成功者要和成功者一起，因為會帶來互相影響的正面力量。當我偶爾垂頭喪氣，想要放棄時，看到朋友仍然那麼拚命，自己也就被重新點燃了鬥志。

像是我們的業務團隊會舉辦「承諾PK」大賽，男女各一組，彼此鼓勵拚業績，如果沒能達到業績目標，男生決定懲罰是「男扮女裝去新光三越走一圈，讓大家笑話」；女生決定懲罰是「剃光頭，有兩個月只能戴帽子出門」。

為了這些承諾，每個人都很拚命，過程當中其實很熱血。我時常看到業務同仁們努力地工作，我偶爾要他們休息一下時，他們會說：「才不呢！我想看女生剃光頭／男生扮女裝的樣子！」他們的拚勁，有時候讓我感動到紅了眼眶。

四、夢想與我同在的力量

世界潛能開發大師安東尼‧羅賓（Anthony Robbins）說：「人的大

腦只能裝一件事，不是裝你渴望的，就是裝你恐懼的。」我們當然時時刻刻要將大腦的位置留給「渴望」，而不是被「恐懼」主宰。

在任何時刻都不要忘記可以強化夢想的機會，例如，我去參加自己尊敬的大師演講活動，會後我會想方設法去和他合照，或者也可以和他的宣傳海報合照，我的意思不是只是拍照上傳臉書來打卡炫耀，而是告訴自己「我有一天也要像這位大師一樣厲害」。

有句話說：「如果今天我們沒有設定目標，那麼我們就只能成為別人目標的一部分。」

又有句話說：「沒有夢想的人，只能為有夢想的人服務。」

就算你在還沒有實力的時候，也不能放棄自己的夢想。一開始可以以成功人士作為我們的模仿典範。

以上所列出的力量類型，都是來自於外界，但是透過你的運用，可以將這些力量發揮到最大的影響力，就像是郭靖運用「左右互搏」時，可以發揮加乘的效果。

達爾文所說的「物競天擇」法則，換句話說，就是「弱肉強食」。在商場上，實力弱的會被實力強的敵手吞食掉。在人與人之間的相處，經常也是這樣，倒不是說強者一定會欺凌弱者，而是如果實力不夠強，自己的命運就會遭人主宰。

意志力的戰場，也是弱肉強食的戰場。

如果今天你一碰到挫折，就輕易認輸，或者任務沒達成，就輕易放棄，那就是讓自己屈服於內心的負面勢力。一旦養成了習慣，就會讓內心的負面勢力日漸坐大，最終你就會變成弱者。

那麼，要如何讓內心正面的力量壓制過負面的力量呢？這也是個要不斷地對正面力量加強、再加強，也就是重複、再重複的工作。

你可以運用上述的各種力量，如公眾承諾、同好互勉等方法。但是最主要的力道，還是來自於你自己的正面習慣。

試著每天練習，當碰到挫折時，例如：今天拜訪一個客戶，結果後來沒能成交，試著不要將焦點放在「今天真倒楣、真不順」或者「這個客戶真的很刁難我、很惡劣」這一類的負面思維上，而是要問自己三個問題：

1. 我想要如何改變？

例如，我想要的是「成交」，心中便一直強調「成交」、「成交」、「成交」，讓宇宙聽到你的聲音，就是「成交」、「成交」、「成交」。如果一個人一直想著「我怎麼老是碰到爛客人」，那麼宇宙只會聽到一個聲音，那就是「爛客人」。於是，下回你還是會繼續遇到「爛客人」，因為那是你向宇宙下的訂單。

2. 下一次同樣的狀況，我該怎麼做才會更好？

例如，我該使用另一種說法，才不會讓對方反感；我該針對產品的哪一個特色準備地更充分些，才能講話更有自信等等。

與其浪費時間自怨自艾，不如把時間用在做這些正面修正。

3. 所以，我接下來該如何做？

試著去想，下次該如何做？再進一步想具體的落實方案。例如，「我要去請教主管，如果碰到這樣的客戶該怎麼辦？」、「我要更認識產品，因為客戶問的問題有些我還是無法招架。」

什麼時候做呢？「現在就去做，我現在就回辦公室去請教主管。」

透過這三個問題，讓任何挫折都變成正面的挑戰，甚至是一種樂趣。

就算今天打十通電話都被客戶拒絕，你不但不會垂頭喪氣，反而能激發一種鬥志。我要找出問題的關鍵點，如果是成功的業務大師會怎麼打這通電話？他能做到，我也一定也能做到。這就是正面的力量。

當長期養成心中的正面力量永遠勝過負面的力量，久而久之，這樣的人會散發出一種領袖氣質。

就好比一個人在規劃自己十年之後的願景，另一個人卻還在抱怨今天碰到什麼奧客、下個月的房貸不夠付，要去哪裡借錢等等。這兩個人的格局高下立判。

但是他們絕不是一出生就注定了兩種不同的格局，而是經歷了不同的思維成長過程，一個是重複、再重複的正面思維，到頭來成為頂尖人物；一個則是得過且過地活在負面思維裡，至今仍是過辛苦日子的平凡人。

要如何成為一個每戰必勝的戰士？關鍵就在這裡。

記住，滴水可以穿石。

從現在起，時時刻刻的正面思維，能改變你的人生。

請向宇宙下訂單

Q 你現在心裡在想什麼？

Q 想的內容是正面思維還是負面思維？

（如果經常是負面思維，就要學會碰到事情時，改往好處想，給自己一天專心實行這件事。這一天無論碰到什麼事，都用正面的話語形容。無論是被老闆罵、被開罰單、被客戶抱怨都一樣，然後開始寫下你的訂單，用正面思維下訂單，要過得更好、更快樂等等，練習向宇宙下訂單吧！）

金剛不壞體

永遠不被打倒，做個最堅強的人

「金剛不壞體」是少林七十二絕技之一，顧名思義，這是一招頂尖的防禦功夫，乃內功極高的境界，可將敵人攻來的招式全部反彈。而另一種「金剛護體神功」也是同樣道理，當練功到登峰造極時，周圍會出現一層無形罡氣，敵人攻來的武器尚未及身，就已經讓這股氣給震開了。

做為一個業務高手，非常需要「金剛不壞體」的功夫，在現代社會，高手要擋的不是弓箭刀槍，而是各種負面的力量，包含了被拒絕、任務失敗，以及種種的成交挫折。唯有一顆夠堅韌的心，才能造就金剛不壞之業務員。

除此之外，要能處在任何情境下內心都屹立不搖，對於追求成功之事非常堅定，若能練就這樣的「金剛護體」，成功人生就等著你了。

什麼數字最大？「0」最大。

任何數字，只要多一個「0」就實力倍增。一個「0」就猛漲十倍，兩個「0」，就猛漲百倍。

「0」太重要了。

但有一個數字不比「0」大，卻比「0」更重要，那就是「1」。

舉例來說，1,000,000,000,000這個數字很大，擁有這個數字金額的人，可以名列世界首富。

但只要把那個1拿掉，就什麼都沒有了，後面有幾個「0」都沒用。

這個「1」就是我們自己，包括健康的身體以及健康的心志。

健康是最重要的，這自不待言。但是即便年輕力壯，身體健康，若有一顆脆弱不堪一擊的心，生活中任何的小挫折都會讓這個「1」倒下，那麼就算擁有再好的學歷、人脈、技術、資金，也不能挽救一個易倒的人。

現在就來練就「金剛不壞體」，讓自己成為人生最強的「1」吧！

你有的企圖心，比你以為的還要強大

有一個故事是：

從前在山中，有兩個部落互為敵對。有一次住在深山裡的部落突襲住在山腰的部落，搶走了很多糧食，還擄走了一個孩子。

部落的酋長號召了許多勇士分頭尋找那個失蹤的孩子，但一方面深山的路徑曲折難走，二方面在敵人的地盤總是受制於人，派出去的幾批勇士們，最後都垂頭喪氣而返。勇士們都表示他們已經盡力了，這孩子不可能救得回來了。

沒想到兩天之後，一個婦人背著那個被擄走的孩子下山了。那婦人不是別人，正是孩子的母親。

大家圍著那母親，很好奇為何所有勇士都辦不到的事，這弱女子卻辦到了？這婦女語重心長地說：「大家都說盡力了，但是其實並沒有真的盡力。因為我是這孩子的母親，我沒有第二種選擇，我唯一的目標就是救回我的孩子。」

這故事給我們什麼啟示？

在生活中，我們也像那些勇士，經常說自己已經「盡力」了，但是其實真的盡了十分力道了嗎？還是原本出一分力，後來再出半分力，就自認已經很努力、很盡力了？

往往成功與失敗就差在這裡，不是差在力量大小，而是差在企圖心大小。

楚漢相爭時，韓信背水一戰，那些士兵除了往前衝，沒有其他選擇。這是韓信運用形勢比人強，強迫打造一支只能拼命往前衝的軍隊。

業務員拚業績，也會有兩種力量逼迫他前進。

一個是「不得不的力量」，如同韓信背水一戰，如果不工作，明天就會流落街頭，或者下個月的車貸就繳不出來了，如此就算要你清晨去敲客戶的門，你也絕對硬著頭皮去做。

然而，被外界逼著往前的力量，畢竟不是正常的力量，總帶點無奈。

如果哪一天大環境改善了，那是不是又要變回老樣子，不思進取了呢？

只有發自內心的堅定力量，才能持久永恆。

有一個業務公式：

目標達成的規模多寡＝企圖心(A)×方法(B)

並且這公式有一個特性，B永遠不會大於A。

當一個人擁有五分的企圖心×五分的方法，就只有二十五分的成就。

當一個人擁有十分的企圖心×十分的方法，就會有一百分的成就。

企圖心為何那麼重要？因為唯有當你「想成功的願望」很大，才能刺激你找出實現這強大願望的方法。若沒有強烈企圖心，那麼做任何事就只是心存僥倖，得過且過。

從古至今，有太多太多原本被認為不可能的事情，卻被某些擁有強烈企圖心的人做到了。

從前的人，要使用很克難的工具，橫渡沙漠，去尋找另一個生存之地。

從前的人，要在一無所有的情況下，努力打下一片江山，好安身立

命。

　　但是在現代，我們可能只要每天認真拜訪十個客戶，勤快地研究產品，讓自己成為客戶最信賴的專家，就可以成為百萬富翁、千萬富翁。而且作為現代人，我們還擁有網路、智慧型手機，以及許多便捷的工具供我們使用。

　　然而唯一擋在我們面前，讓我們還是無法成功的原因只有一個。

　　那就是「你的企圖心不夠強烈」，當全世界的人都鼓勵你往前，但是只要內心的你喊一聲：「休息」、「暫停」，終究你還是停在原點。

　　我常問我的學員：「你想成功嗎？」

　　大家都說：「想」，但到底有多想呢？

　　你知道嗎？有兩個人住在同一個屋簷下，另一個人經常拖住另一個人的腳步，這兩個人，一個人名叫「成功」，另一個人名叫「藉口」。

　　很遺憾，這兩個人經常同進同出，每當「成功」要前進一步，「藉口」就會百般阻撓。

　　此時只有屋主派人出來講個話，才能壓制住「藉口」。這個屋主就是你自己，而派出來的人就是「企圖心」。

　　由於這個「藉口」非常強壯，又能言善道，所有如果主人派出來的「企圖心」不夠強，是無法壓制住「藉口」的。所以我們平常就要多多訓練企圖心。

　　我們知道企圖心不是一說就有的，那些擁有非凡毅力、成就不凡的人，很多人都是從小時候就因環境因素磨練出堅強的意志。

　　一個已經安逸習慣的人，不是偶爾看幾本勵志的書或者聽幾場演講，第二天就變成一個充滿企圖心的人。只是一時地被勵志演講感動，就像是吃興奮劑一般，持續力很短暫。

　　要磨練你的「金剛不壞體」，練就你的超強企圖心，就必須從現在開

始，時時刻刻要求自己。這是一個持續的過程。

我經常請學員寫下來：

「請列出自己為什麼一定要成功的理由」，至少寫出十個。

如果你寫不出來，那糟了，代表你根本就不想成功，否則為什麼連寫都寫不出來呢？

如果你寫出來了，卻記不起來，那也一樣。

如果你那麼在意成功，怎麼會連成功的理由都背不出來？那些應該早就存在你的生命裡，每天早晚都伴隨著你，如同呼吸、吃飯一樣重要。

如果有一天你不能呼吸了，怎麼辦？同理，如果你忘了為什麼要成功，那等同喪失了你的呼吸功能。

唯有當你磨練到成功像呼吸一般，是每天生活的一部分，這樣的企圖心才足夠強大，這樣的你才能練就「金剛不壞之身」。

因為在成功面前，什麼被拒絕、被客戶冷言冷語、被顧客翻白眼等問題，都是上不了檯面的小阻礙了。

讓大家一起為你加油

也許有人會問：「我想要有企圖心，我也列出了成功的理由了，但是總覺得還是不夠『有力』，難道光有成功的理由清單就足夠了嗎？」

的確，自從人類成為必須依賴團體生活才能生存的物種之後，我們經常被動，需要外界的力量推你一把。我們不僅要擁有成功的理由，並且要有人說服你，刺激你繼續往這條成功的道路走。

那麼該怎麼做呢？有幾個方法，如下：

一、把成功的目標說出來

我鼓勵我的學員站在全體學員面前說出自己的目標。

就好像我們早晨要早起，就要設定鬧鐘提醒你起床一樣。我們要追求成功，也可以設定讓「眾人」提醒你。當時間到了，鬧鐘會響。而當你在追求成功時，眾人也會有回應：「加油！」許多公司也喜歡採用這種方法，讓業務員在眾人面前許下承諾。

另一種方法，就是在臉書或者部落格上許願，發文說出自己要達成什麼目標。

這方法非常有效，有韓信背水一戰的效果，每當你想偷懶了，就會想到這個月目標還沒達到，我會被眾人如何看待？這樣我如何在人群中立足呢？

除非一個人練就「厚臉皮功」，寧願被嘲笑也不想加把勁追求成功，否則透過眾人的力量督促自己，是一種相當有效的方法。

二、記錄下來，每天提醒自己

透過眾人的力量很有用，但我常說「天助自助者」，一件事若要依靠外力，仍非上策。最佳的方案，還是要自己督促自己。

怎麼做呢？

以我來說，我會把我列出的十大成功理由，做成一張精緻的小卡，放在包包裡，每天都看得到。

當我碰到挫折想要放棄時，就打開包包，拿出那張紙念一念：「當初你是怎麼承諾的？難道現在要放棄嗎？」、「不能，我不能放棄！」

於是我繼續努力。

當我又成交一筆訂單時，我也打開包包，看著這十個理由，告訴自己我努力做到，離成功又更進一步了。

三、催眠的力量

催眠不一定要具備專業的催眠技巧，這裡指的催眠，就是要不斷提醒自己「我一定能成功，我一定能成功」。

要知道，成功的人具備一種強大的成功氛圍，他有著自信的眼神，全身精力充沛，那種形象，絕不是自我喊喊「我會成功」就可以演出來的。

然而，當我們今天說，明天說，後天也說，我們天天對自己說「我會成功」，所產生的影響力就不能小覷。

不是有句話說「三人成虎」？第一個人說有老虎，你不相信，第二個人說有老虎，你半信半疑，第三個人說有老虎，你就準備轉身逃跑了。一個原本長得漂亮的人，如果做一個實驗，讓每一個經過她身邊的人都說一聲「妳今天怎麼那麼沒精神？」、「妳今天髮型看來很邋遢」、「妳怎麼氣色那麼糟啊？」一個人說、兩個人說、三個人說，到最後這個原本漂亮的人也開始心生懷疑了，一照鏡子，自己還真的越看越醜了。

信念是種強大的力量，若能用在正面，就會形成強大的助力。

這裡分享一個四階段的自我催眠，加強信念，讓自己就算本來不成功，也會因這樣自我催眠，逐步朝成功方向邁進。這也是知名心理學家馬修‧史維（Marshall Sylver）提出的四步驟：

1. 想像是

2. 假裝是

3. 當作是

4. 我就是

這四個步驟，一開始是自我催眠。例如，想像自己是個帥哥，走在路上，受到眾多美女行注目禮；自己是一個成功企業家，當走進一個聚會場合時，所有人都對你投射出崇拜的眼神。

不斷地做這樣的自我催眠，不只是腦中幻想，而是自己的一言一行開始朝想像中的成功企業家走。假裝自己是成功企業家，那麼你該如何談吐？如何應對進退？你會如何拜訪客戶？如何成交生意？

假裝是企業家，到後來你已非常「入戲」，已經把自己當成是企業家，就像企業家一樣說話充滿自信，用積極的態度生活，也像企業家一般賺很多的錢。

到後來，你不用把自己當作是企業家了，因為你「已經」是企業家了。多年前你曾「想像」你想達到的境界。

恭喜你，現在你已經達到這個境界了。

我們不知道這世界上是不是真的有一門功夫叫做「金剛不壞之身」，但我們相信，一個成功的業務員打造自己堅強無比的企圖心及成功信念，這樣的人，就擁有「金剛不壞之身」。

練功時間

請想像你是個成功的人

你的偶像是誰呢？你想成為的成功人物是什麼樣子的人？若現實生活中沒有明確的對象，電影裡的人物也可以，但一定要是你所屬行業之中的正面形象。

Q 你的偶像是誰呢？

....

....

Q 你想成為的成功人物是像什麼樣子的人？

....

....

....

....

....

....

....

（當然，一開始先從「想像是」做開始，以後再來逐步加強。）

Q 想像是

....

....

....

....

....

Q 假裝是

Q 當作是

Q 我就是

吸星大法

學習正面力量，舉一反三更強壯

在《笑傲江湖》和《天龍八部》兩套書中，有一種很酷的武功，都是能吸取別人的內力變成自己的功力的。前者叫做「吸星大法」，是日月神教任我行縱橫江湖的絕技；後者叫做「北冥神功」，算是「吸星大法」的前身。二者都聽來很不可思議，簡直可以坐享其成，一個人可以使用這招，就把別人辛苦練成的功力吸納而去。

在現代社會，也常將「吸星大法」改成吸金大法，用來描述一些金融機構的負面作為。

但其實「吸星大法」有一點很重要，那就是自己的功力一定要足夠，才能使用此法，否則當面對功力更強的敵人時，自己會被內力反噬。

作為一個業務高手，人人都需要學會「吸星大法」，但現代「吸星大法」的特點是，當自己加強實力的同時，卻不會減損對方的功力。就如同老師授課一樣，大家學問增加了，老師的學問不但不會減少，透過教學相長，智慧還會增進！

武俠小說談內功，其實專業的業務員也有內功。

這種內功不是什麼掌力、內勁、氣功之類，而是指「影響力」。想想銷售這件事，其實銷售就是一種影響力，當商人成功把商品推銷給消費者，就代表著其影響力發揮效力，讓消費者接受了這種影響力。

影響力的應用方式很多，最常見的就是說服力。業務高手為何業績較好，代表著他說服力夠強，可以影響別人。

所謂「大能量影響小能量」，業務高手擁有大能量，所以可以不斷的對小能量產生影響力。

但全世界所有的業務高手都不是與生俱來的，他們的影響力絕對都是靠後天培養而來。

那麼該如何快速培養呢？就是要應用「吸星大法」，努力地吸收專家力量。

要有高格局，才能有好結局

說服，說服，什麼是說服？

就是指一個影響力大過另一個影響力。

但我們第一個要說服的人是誰呢？

不是別人，正是自己。

就好比「吸星大法」，我們要出招的人本身功力夠強，才能讓此招發揮功效。我們要建立自己的說服力，就要先加強自己的實力。

使用吸星大法的兩個根本為：

一、自己懂得越多，才能吸收得越多

就好比如我們上英文課，如果連基礎的音標及二十六個英文字母都背不起來，就想學英文文法，那就算我們學習的對象是世界頂尖的英文文法老師也沒有用。老師的做法一定是要你回家先背好字母，再來談進階。

我見過許多年輕的業務員，很積極、很主動，喜歡問一堆問題。一開始以為他們很認真，正想為他們喝采，後來才發現他們只是想投機取巧，不做好基本功，以為和前輩請教就能一步登天。問的問題，許多都讓前輩

聽了哭笑不得。

如果基本功不紮實，以為好學好問是美德，這就是錯誤的想法，那樣的「吸星大法」只是浪費彼此的時間。

二、要有足夠自信，才能有效吸收

前面說過，要說服別人就要先說服自己，否則你想用「吸星大法」，不但吸收不到東西，反而對自己有害。

一個自己內心存疑的人，想銷售商品給客戶，就算表面上裝得一副很專業的樣子，最終還是會被客戶看破你的空虛。一個自己都不相信自己產品的人，也就是自己都說服不了自己的人，客戶為何要相信你？

而一個對自己沒有自信的人，就算想去吸收有用的東西，也會因為自己氣勢太弱而效率大減。一個有自信的人，做了專業的學習後，能夠舉一反三，將理論用在自己的領域。一個沒自信的人，學習只會照單全收，在自卑情結下，一方面自嘆不如，一方面對所學也半信半疑，覺得「用在別人身上可以，用在自己身上可能不適用。」這就會事倍功半。

如何善用「吸星大法」？如何先建立自己一個更強的本質？這裡要談到一個容器法則，以及溫度計法則。

容器法則

想像一個人是一瓶水，像可口可樂的寶特瓶大小，那可以裝多少水呢？答案是就算「裝滿」了，也只有750c.c.，再滿也裝不下去了，如果一個只有一瓶水容量大小功力的人想用「吸星大法」，那只可能讓自己爆炸，也無法擁有更多的功力。

但他若擁有水桶程度的功力呢？那容量就大多了；如果擁有浴缸程度

的功力呢？那容量不知道是寶特瓶的幾十倍、幾百倍了。

一個人可以成為什麼樣的容器，這就是所謂的「格局」。

先談「格局」，再談可以做到什麼實力。

溫度計法則

什麼樣的溫度才是最舒適的？人活在世界上，要在一定的溫度下才能存活，太冷太熱，都會依照一個標準感覺產生感受。

這是指「氣溫環境」，但是如果這個溫度計是「財務溫度計」呢？每個人都有自己的財務溫度計。

你有沒有發現，一個每天在為22K薪水爭辯要加薪多少的人，他們的財務溫度計就是設定在兩萬元、三萬元上。他們生活的內容、交往的朋友，也都是在這個消費範圍內。

一個上班族，他的月收入設定在四萬元到六萬元之間，他的財務溫度計就是在這個範圍。同理，一個財務溫度計設定在十萬元，設在五十萬元，和設在一百萬元的人，他們溫度計的範圍不同，生活也都大大不同。

這裡沒有財務歧視的意思，也不是說有錢人比較高尚。但是財務溫度計不同，生活的環境視野就自然不同。

百萬溫度計的人，每天會和百萬溫度計的人交流，談的是如何成交更大的生意。五萬溫度計的人，每天也就和五萬溫度計的人交流，談得是下班後去哪裡喝酒，批評老闆如何虐待員工等等。

溫度計必須調升，生活才會改變。如果一個人不調升溫度計，那他的財務溫度就會停留在那裡，就算今天領年終獎金收入變多了，下個月又會把錢花掉，恢復到原本的溫度範圍裡。

這也是一種格局。

不論是容器法則，或者溫度計法則，其背後的意義都是做人的格局。

格局決定布局，布局決定結局。

因此要提升人生，就要先改變格局。

那麼，在使用「吸星大法」前，該如何增進自己的格局呢？

想想，一個寶特瓶，要如何變浴缸？第一要改變自己的價值觀，第二要改變自己的態度，當自己跳脫寶特瓶思維時，才能轉換成浴缸思維。這個過程不是一蹴可幾的，先從寶特瓶換成桶裝水，再由桶裝水換成浴缸，一步步提升。

溫度計的調升也是一樣。

有句話說，要讓自己跳出「舒適圈」。

許多人一方面抱怨自己的收入太少，一方面又在行動上表現出甘之如飴，為什麼呢？因為他們只會嘴上抱怨，生活模式卻仍保持在原本的溫度設定裡。

真正要挑戰新的溫度怎麼做呢？例如，我現在每個月收入五、六萬元，我要跳級成十萬、二十萬元，怎麼做？沒有人阻止你，唯一阻止你的是你的安逸態度。如果願意讓自己接受挑戰，去做業務工作，去面對拒絕，去嘗試一對一銷售，不要夢想著坐在辦公室混完一個月，就等領薪水。

只要態度改變，財務溫度計就會改變，人生命運就會改變。

提升自己格局，調升財務溫度計

改變格局要靠自己，但只靠自己成長有限，人人都要有導師。

善用「吸星大法」，可以提升自己的實力。我們先改變自己的格局，然後當自己夠格可以接受導師的智慧了，就要時時保持學習的精神，廣納

大師的智慧。

教練級數，決定選手表現。

只有「世界第一」，才能教出「世界第一」。

如果你從事的是西點麵包產業，你可以學習吳寶春的精神；如果你在交響樂團工作，那麼托斯卡尼尼可能是你的偶像。

不論如何，我們要設立一個典範在面前，作為我們學習的對象。好比如說我們瞄準標靶，就算不能射中靶心，至少還是可以射到外圈。我們找業界第一名的人作為偶像，就好像在我們面前設立一個明確的標竿。

假定世界頂尖業務高手年收入幾千萬美金。我以他為目標，雖然沒辦法做到年收入幾千萬美金，那是不是至少可以做到年收入幾千萬台幣？

成功人物的格局一定是不一樣的。

想像今天你有機會和郭台銘共處一室，你要和他聊什麼？要和他聊兩、三萬元的生意嗎？這想法你自己也覺得可笑，因為人家是動輒談幾億元、幾十億元的案子。但如果你要和他談幾億元的案子，你談得出來嗎？你有這麼大的格局嗎？

不要氣餒，成功不是一蹴可幾，所以要一步一步擴展自己的格局。

今天你如果和郭台銘共處一室，無力和他談生意。那麼目標放小一些，如果你和街頭巷尾的全聯或超商店長談生意，你可以談嗎？要談什麼？再逐步放大，你和你所在的鄉鎮區長談合作，你可以談嗎？要談什麼？

想像自己有很大的願景，把自己的格局放大，自然而然你的思慮會放大，會更具前瞻性。我們也許很難真的有機會接觸到郭台銘等首富，但不妨礙我們可以接觸他們的思維。

我鼓勵我的學員們經常看成功人士的雜誌。時間有限，同樣的時間，你用來看八卦雜誌，那你就只能是街頭巷尾和人聊八卦的格局；同樣的時間，你用心吸收財經情資，了解各大企業的脈動，世界經濟局勢，你就擁有更寬廣的格局。

我們也要設立出自己的偶像。

不是影劇界的明星偶像，而是成功人士偶像。當然，影劇界也有很多成功的典範，如劉德華、周杰倫，只要你可以學習他們的成功之道，而不是把焦點放在他們的外貌或作品，那同樣具有指引效果。

我常對學員說，

只要告訴我，你的偶像是誰，我就知道你大概是什麼樣的人。

一個以德蕾莎修女為偶像的人，絕不可能沉淪吸毒；一個以甘地為偶像的人，也絕不可能崇尚暴力。人們會以他們的偶像作為學習對象。

你有成功學習的偶像嗎？如果沒有，我建議你列出幾個。

當然，你也可以說你對自己很有自信，覺得自己就是最好的人。很好，我喜歡有自信的人，但好還要更好，一山還有一山高，為了不要故步自封，我們還是列出幾個可以學習的典範，如下說明：

步驟一：列出五個成功者作為學習典範

以我為例，我列出的五個學習典範是：梁凱恩、馬雲、安東尼・羅賓、郭台銘、劉德華。

從這五個之中，我再挑出最崇敬的三個成功者。

步驟二：列出這三個成功者的特質

你為什麼會尊敬這三個人？他們擁有什麼特色。

請你不只想像，要真的拿筆寫下來，邊寫邊思考。

步驟三：整合成功者的特質

為什麼我崇敬這三個人？他們的共通特色是什麼？

例如：都很會演說，都具有透過演講影響人的魅力；都很注重目標管理，目標說到做到。

都很重視社會公益，致富之餘一樣對社會作出貢獻。

當你能夠清楚列出來，這些人才是你真正的偶像。唯有成為你真正的偶像，才能變成你的導師。「吸星大法」，就是要吸收這些偶像的智慧。

怎麼做呢？就從生活每個細節做起。

今天我們打一通電話被客戶拒絕了。想想，如果我是梁凱恩，我會怎麼做？我會因為一通電話被拒絕就垂頭喪氣，然後一直沒情緒工作嗎？我的偶像是這樣的態度做事的嗎？如果不是，那我是不是要打起精神，繼續努力。

如果我的偶像代表一百分，那麼我現在才不到十分，還有九十分的成長空間，加油、加油。

這就是「吸星大法」，透過成功偶像提升自己實力的方法。

安東尼‧羅賓曾說：「要複製一個人，有三大步驟：一是思考邏輯，二是策略，三是肢體動作。」

例如，我以梁凱恩老師為我的學習典範，我會深入研究他的書，學習他的成功致富之道，了解他的成長方法。並且，我也透過錄影帶，甚至親

自上他的課，學習他的肢體語言，讓自己說話更有自信，更有魅力。

也感謝梁老師的教導，讓我「吸星大法」功力大增。

除了透過偶像調整自己格局之外，我們還要調整自己的財務溫度計。要如何調升自己的溫度計，讓自己的功力更增加，也讓自己的「吸星大法」更上一層樓呢？

那就必須做到以下「四到」，如下：

1. 知道
2. 悟到
3. 做到
4. 得到

這四個環節，每個都很重要，少了一個環節，結果就不同。

知道

這是最基本的、最簡單的，如果根本就不「知道」，也就不會有任何行動。會翻開這本書的讀者們，都至少來到「知道」的層級，也都是有心想要提升自己的人。

但這世上，「知道」的人多，但「悟到」的人少，「做到」的就更少了，也因此「得到」成功的人很少。

悟到

看完一本書，聽完一場演講，也許你「知道」了，但不一定「悟到」。

「悟到」，是一種內心的境界。當我們看一本書，讀完了，認為自己懂了，這只是「知道」，只有當這樣的「知道」帶給你的心深刻的感受，讓你真的想做點什麼，這才是「悟到」。

我最尊敬的講師前輩梁凱恩老師，他曾寫一本書叫做《我受夠了》，那時，他就是「悟到」了。

做到

從「悟到」到「做到」，中間又有一段距離。

不是有句話是「世界上最遙遠的距離」嗎？我認為世界上最遙遠的距離也能說明這件事，那就是你明明知道一件事很好，很重要，明明已經站在通往成功之路的入口了，但最終還是沒「做到」。

太多人聽了勵志演講後，感動落淚，覺得自己應該改變，然後呢？第二天還是一樣「一切照舊」。為什麼會如此？主要是人的惰性使然。所以「做到」真的是突破自己的一大關卡。

得到

當你「做到」了，不一定「得到」，但至少你開始做了。也許一次失敗、兩次失敗、三次失敗，只要持續向上，終究會得到。

試著調升自己的溫度計

Q 你現在的財務溫度計是幾度呢？是三萬元、五萬元還是十萬元？

Q 那麼，你又想要達到怎樣的度數？是二十萬元、五十萬元、一百萬元還是更多？

_____

_____

_____

_____

_____

_____

_____

_____

Q 如果要達到新的度數，你必須突破哪些舒適圈呢？

_____

_____

_____

_____

_____

_____

_____

_____

Q 你要做出什麼樣的改變呢？

（以上請仔細思考，並列出你想要的作法。）

千里傳音

用好名聲打造長遠的行銷力

　　武俠小說中有很多的招式都令人覺得神奇又有趣。在現實生活中，不論古今中外都沒有真正那樣的功夫，好比如說「降龍十八掌」或者「乾坤大挪移」。但有的招式卻是現實生活真的有的，只是現代人要靠工具，武俠人物卻是靠著神妙武功即可做到，例如「千里傳音」。

　　在《射鵰英雄傳》裡，一燈大師便有這等上乘內功，透過「千里傳音」，用內力把聲音傳送給黑龍潭的瑛姑，而且聲音清晰，如同本人就在身旁說話一般。

　　在現代社會，「千里傳音」是非常重要的功夫。不是單指講手機或電腦傳訊，而是指將好的名聲傳遞出去。以企業來說，就是品牌；以個人來說，業務員也是一種品牌，做好這個品牌，客戶自然會口耳相傳，讓你的生意更加興旺。

　　現代社會，人人都需要懂行銷。

　　就連可口可樂、麥當勞這些婦孺皆知、全球聞名的企業，每年都仍然要花千萬以上預算來打廣告。

　　我們經常看各行業的業務人員，似乎越是資深的專業經理人，越是有忙不完的案子，拜訪不完的客戶。強者越強，弱者恆弱，為什麼會這樣呢？這其實是一種努力的報償。

　　當一開始投入業務工作時，沒有人脈，也沒有經驗，每天打一百通電話，有九十九通都被拒絕。剛開始半年的業績少得可憐，但當你的努力突

破一個臨界點之後，不論是經驗或者實際業績都會開始快速成長。

原因就在於影響力有著加乘效果。

這加乘效果來自兩方面，一是你的個人魅力及信譽，二是你的人脈網絡效應。

我就是獨一無二的品牌

品牌，是打造出來的。

雖然這世界上也有世襲的品牌，例如，富二代繼承家業，成為知名的集團總裁。但是，就算是富二代，也唯有經過良好磨練，行為舉止或經營策略都獲得商界認可者，才能得到尊敬。

人人都可打造自己的品牌。但是在那之前，有一個很重要的信念：

過去不等於未來。

曾經有一個卡車司機，怎麼看都不像會成為世界名人，但是他後來出道風靡全球數十年而不衰，甚至可預計百年後，他仍然名留青史，這個人，就是貓王。

曾經有個女孩，翻開報紙都有對她嘲笑的聲音，有人批評她外表這樣平凡也想當歌星，有人毒舌說她五音不全，是十大爛歌手。結果現在她是華人世界數一數二的國際巨星，這個人，就是蔡依林。

香港巨星周星馳，好萊塢大明星席維斯史特龍，台港明星羅志祥，也都曾經是個沒人在意的跑龍套小弟。

任何人都不能用過去來限制自己的未來。

對成功者來說只有一個共通的信念，那就是：

沒有失敗，只有暫時停止成功。

對於業務員來說更是如此，在業務字典裡沒有「失敗」這個詞，只有「繼續做」，或者「放棄」兩種選擇。

其實人生也是這樣，只有「不斷地努力」以及「放棄努力」兩種。而跌倒不被定義為失敗，跌倒幾次都沒關係，最重要的是：

你最後一次跌倒有沒有站起來。

當一個人跌倒之後再爬起來，又跌倒，又再爬起來，這整個過程都不會是做白工。

就好像愛迪生發明電燈炮，很多人問他，你嘗試了那麼多燈絲都失敗了，你還要繼續做嗎？愛迪生回答：「失敗？我有失敗嗎？我不是一次又一次地證明，有什麼材料是不適合做燈絲嗎？」

沒有失敗這回事，跌倒的人都要像學習愛迪生這樣的思維：

假如我沒有得到原本我想要的，那代表我將得到更好的。

個人品牌的建立，就是像這樣累積，終究會得到。

試想，如果每「不成功」一次就放棄，那臺灣不會有7-11，因為7-11是經營到第七年才開始獲利的：世界上也不會有飛機，因為飛機的發展史，是一連串的飛行失敗史累積至今的。

一個屢敗屢戰的人能獲得尊敬，屢戰屢敗的人就要被檢討了。差別在於前者是跌倒之後，再站起來再奮鬥。但請記住，有句話，在哪裡跌倒，就從哪裡爬起來，這句話沒錯，但是「在哪裡跌倒，就從哪裡再開始」，

這句話可能是錯的。因為跌倒最重要的意義，就是告訴我們這樣做是錯的，如果明知道錯了，還不斷地選擇那段路繼續走，就好像愛迪生用某種金屬實驗，確認不適用做燈絲，下回卻仍堅持用這個錯誤的燈絲繼續做實驗，這不是擇善固執，而是頑固不知變通了。這樣的人屢戰屢敗，就不值得鼓勵。

但若是屢敗屢戰，每一戰都累積了新經驗，這就是值得喝采的人。

當我們在這樣的過程中，有一個肯定會有的報酬，那就是累積你的品牌力。

以我為例，我曾經努力去談一個客戶，最終的結果，那個客戶因某些因素沒辦法購買我的產品。但我和他成為好朋友，幾年之後，透過他的轉介紹，我多成交了五個新客戶。

所以你說我是失敗還是成功呢？

以賣產品來說，當初我和這個客戶的交易，算是失敗的；但是以賣品牌來說，「我」這個品牌成功了。

客戶們讚揚我的認真態度，肯定我的親和力，也都一致覺得我是個誠懇的人，他們用行動來支持我，這個行動不一定是買我的產品，而是將「我」這個品牌分享給他的朋友。

於是「我」的品牌，透過「千里傳音」的招式，讓更多人知道。

也因此，我很珍惜我的人生經驗，絕不糟蹋自己這個品牌。如果一個人覺得自己私生活放蕩，行為不檢點沒關係，他就是在糟蹋自己這個品牌；如果一個人覺得做事馬馬虎虎就好，每天只要混到下班領薪水就行，那他就是在做爛自己這個品牌；如果一個人做事輕言放棄，每天沒自信也不願意積極改善信念，那他就是宣布自己的品牌倒閉。

請記住：

每個個別成交都只是單一個案，但「自己」這個品牌卻要經營一生。

我的前輩告訴我，成功者有三個必須做的事，那就是：

1. 成功者必須做別人不願意做的事情

2. 成功者必須做別人不敢做的事

3. 成功者必須做別人做不到的事情

為什麼要做這些事？因為你是個頂尖的品牌。

為什麼香奈兒、LV、范倫鐵諾這些品牌可以賣那麼貴？因為這些品牌認為自己值得高價，而世人也認可它們的高價，這就是品牌的價值。

當我們和律師談話，在正式場合從第一句話開始，他們就會開始計時。他們知道自己的專業是很有價值的，知道自己是昂貴的。就好像你手中拿著LV包包，你不敢隨手亂扔，不照看好。那你對自己這個品牌，又怎能隨隨便便，任自己浪費時間，用錯誤信念來踐踏自己呢？

今天起，告訴自己「我是昂貴的，我是個頂尖的品牌。」

你的形象將代表一生的成就，透過「千里傳音」，遠遠地放送出去。

打造人脈網，打造事業網

「千里傳音」，在商品來說，就是廣告與口碑；「千里傳音」，在個人來說，就是人脈與信用。

人脈是一種資源，每個人都有三層的人脈網：第一層，家人及親朋好友；第二層，認識你的人，也就是你的人脈圈；第三層，廣大的陌生人。

一個優秀的業務員，會努力拓展第三層的人脈網，讓第三層的人變成第二層的人，第二層的人又變成第一層的人。

當然，時間有限，我們不可能和全世界的人交朋友。因此，我們主力

還是放在第二層。對第二層的經營，則貴在交心，所謂細水長流的關係，不用天天聯絡，特別是在現代社會臉書及網路那麼發達，透過臉書也可了解朋友近況。

一個成功的業務員有許多第二層的朋友，這些朋友都是認同他的理念，認可他的誠信，知道若有需要，他們隨時可以透過服務找到他。對於社會新鮮人或者是仍在努力往上奮鬥的人來說，這些第二層的人，許多都是自己的貴人，他們包括了那些願意給你指引的長官前輩、願意為你打氣的各行各業朋友、願意認可你服務品質，給你生意機會的客戶群，以及平常不常聯絡，但你知道他總在那邊的廣大守護者。

一個好的業務員，珍惜這樣的人脈圈。

他們絕不與人交惡。

某個人每次都不願意跟我採購商品，我不但不恨他，還非常感謝他。因為他成為一個激勵我的指標，讓我願意再加把勁，希望有一天可以讓他喜歡我的服務。

某個人不但不買我的商品，還多所惡言。我也不會恨他，他的存在時時提醒我，我有很大的改善空間，我對他感謝都來不及了，怎麼會恨他？

某個人是我的競爭者，他的存在，讓我的業績被搶走很多，我也要謝謝他，因為有這樣的競爭，我才能時時戰戰兢兢，不敢懈怠。他是我尊敬的敵人，我很榮幸我有這樣的敵人。

某個人曾是我員工，後來背叛我；某個人曾是我朋友，後來背後說我壞話；某個人曾經愛用我的產品，後來棄我而去，轉投其他廠牌懷抱。

我不恨他們，我也都感謝他們，不論是透過正面力量或負面力量，他們都帶給我人生許多寶貴的經驗。

前輩們常說，青山不改，綠水長流。不要與人交惡，說不定哪一天，今天的敵人卻是未來的貴人。每放棄一個人，就放棄一個未來可能的機

會。

除非是牽涉到法律詐欺甚至刑事案件的事件，否則我們不需要痛恨一個人。因為每當你心中有恨，對方不一定感受得到，但直接受傷的人，肯定是你自己。

我珍惜我的人脈圈，因為他們大部分是我的貴人，因為這些人脈的關係，我的事業可以越做越大。

那麼對於一個新人來說，要如何讓自己貴人多多呢？

我經常告訴他們，要常問三個問題。

一般人錯誤的思維，當看到一個客戶時，就會想要「讓他買東西」，因為他可以幫「我」創造業績；當碰到一個有錢人或者專業人士，就會想，要如何讓他可以帶給「我」好處。

當這樣想的時候，雖然只是在內心想，自以為別人看不出來，其實人與人之間的感覺是很神奇的，就是有人可以感受到你的「不真誠」。或許他們說不出所以然覺得你哪裡不對，但就是覺得不想跟你合作。

當然，人人都需要幫助，特別是在社會奮鬥還處於弱勢的新人，自己可以提供給別人的少，需要得到別人的幫助多，但在與人應對時，還是要懂得站在對方的角度思考事情。

真正的貴人養成術，要問自己以下三個問題：

一、你要完成一個目標，誰能幫你？

做任何事都要問這一個問題，這不是自私，而是符合實際。

例如，你想要達到本月業績一百萬元，你可以列出誰可以幫你的清單：

主管，他可以教導你正確的業務技巧；

前輩，他可以分享你他成功的經驗；

擔任某協會會長的好友，你知道他的人脈廣，也許可以幫你引薦客戶。

接著一定要問第二個問題：

二、他為何要幫我？

這點很重要。如果你只是一味地想利用別人，那任何人都不願意幫你。就算幫你一次，也不願意幫第二次。

想想他們為何要幫你？

主管願意幫助我，因為把我訓練好，團隊的業績會提升；

前輩願意幫助我，因為我態度誠懇，願意好好跟他學；

好友願意幫我，因為我的產品夠好，也真的可以服務他的客戶。

最後要問這個問題：

三、你自己要做什麼，對方會幫你？

通常你需要做出一定的付出，但不一定是對等的付出。

畢竟友情不是買賣，是買賣就不真誠了。但要人家幫忙，一定要表現出誠意。

主管願意幫你，因為你真的很用心在拚業績，對他來說，你的踏實工作精神就是對他最好的回饋；

前輩願意幫你，因為你也真心地以尊敬的心對他，你對他的尊敬就是最好的回饋；

好友願意幫助你，可能有多個面向，因人而異。有人願意幫你，因為

知道你將來也會幫他；有人願意幫你，因為覺得你是個值得長期來往的好朋友。

最後，也是最重要的，在問以上三個問題的時候，也要時時想著一個問題：

我有什麼可以幫助對方的？

一個能時時把這件事記在心上的人，一定能擁有最多的貴人。

時間會證明一切。

每一個頂尖業務員都是從菜鳥新人開始做起，他的廣大人脈絕不是一夕之間冒出來的。

試想，如果某個業務員在他多年的銷售過程當中有做生意不老實的前科、有對朋友不誠信的先例、有任何負面的名聲，那他還能成就他如此廣大的客戶群嗎？

要知道，不論好事壞事都會傳千里。

「千里傳音」，可以傳好名聲，也可以毀了你。

讓我們打造自己成為一個值得信賴的品牌，如此，當你的人脈網越來越寬廣的同時，你的成功基石也更加深厚。

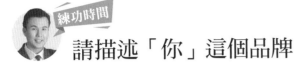

請描述「你」這個品牌

如果你是一個品牌，你的特色是什麼呢？請你仔細省視自己。

Q 你是碰到挫折就退縮的人嗎？是的話請列出來，然後做為改善品牌的依據。

_____

_____

_____

_____

Q 你是說話沒誠信的人嗎？是的話請列出來，然後做為改善品牌的依據。

_____

_____

_____

_____

Q 你這個品牌有什麼缺點呢？列出來，然後做為改善品牌的依據。

_____

_____

_____

_____

Q 請畫出你這個品牌的人脈圈。

（分三層，並思考你和這三層人脈圈的關係）

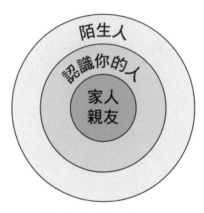

如何經營關係？

Q 最後，想想你的人際互動有什麼需要改善的地方？列出來，做為改善
你人際關係的努力。

太極拳

以靜制動，無往不利的業務高手

以慢打快、以靜制動，「太極拳」在武俠小說《倚天屠龍記》裡是武當宗師張三丰於年過百歲後悟到的一個上乘武功。在現實生活中，「太極拳」也已經是東方文化的代表之一，全世界都在學習這個具豐富內涵的武術國粹。

當然，現代的「太極拳」以養生為主力，武俠小說中的「太極拳」則是一門精微奧妙的武功，講究形神合一，純以意行，最忌用力。拳勁首要在似松非松，將展未展。

作為一個頂尖的業務員，要做到一個境界，以靜制動，純以意行。面對不同的客戶，要如行雲流水般的自然流暢，就能輕輕鬆鬆創造好業績。

終於，我們來到業務內功心法的最後一章。

若能依照我在本書中分享的來自各業務專家多年來匯聚的智慧，那此刻的你，一定是個既有自信，又擁有清楚的願景、目標，能夠確立正確價值觀和信念，永不放棄，正朝成功之路邁進的準業務高手。

在我們開始學業務外功之前，再來統合一下修煉自己的重點，並調整自己對外的儀態，做好面對新客戶、新人生的準備。

形塑你的成功者氣質

當你的思維改變了，整個人的氣質也就改變了。

一個對未來沒有什麼想法，只等著命運引領他的人，和一個有自己的目標理想，每天積極創造自己命運的人，其散發出來的氣場絕對不一樣。

人生難免會有低潮，就算是頂尖的業務員也難免有很高的不成交比率，或者遭遇生活中的各種人際衝突、不愉快，或者收到罰單、碰到塞車誤點，甚至生病、各種突發狀況等不如意。

能夠在平順時刻保持樂觀，這本就應該做到的。

能夠在遭遇不順時，還能夠堅定正面意志，這便是需要長期加強的。

如何讓自己時時保持在巔峰的正面心境，安東尼・羅賓告訴我們，你永遠要跟有結果的人學習，找有結果的人做教練。

學習是一輩子的事，永遠保持著謙虛的心，讓自己和更強的人學習。以他們為典範，心存正念也心存謙卑，這樣的人當處於順境時本就不會驕傲自滿，碰到逆境不順，也會有一定的低潮抵抗力。

在日常生活中，常保正面態度及形象，有以下三大重點：

一、聚焦你的注意力

注意力在哪，結果就在哪。

本書前面分享過，包含正面心錨的建立、積極信念的養成，對自己提出正確的問題，這些都是強調注意力的重要性。

如同滴水穿石，雷射切割鑽石，我們要強調，專注、專注、再專注。

想成為成功的業務高手，年收入破千萬，就要聚焦這件事──「我是業務高手」、「我要年收入千萬」、「我是業務高手」、「我要年收入千萬」⋯⋯

專注就是專注，不能再心想「我做得到嗎？」、「經濟不景氣，我還是別逞強」，如果想要目標不達成，方法有幾萬、幾千種，要放棄非常容易，甚至客戶的一個皺眉都可以讓你打退堂鼓。而要戰勝「放棄的念頭」，只有專注，再專注。

當然生活中有很多不如意，我們必須學會「抽離」和「結合」。

有人不開心，然後會「越想越不開心」，甚至有了憂鬱症，想要輕生。那也是一種專注的力量，只不過用錯了地方，他將專注用在集中負面的事。就好像我們刻意去把每天生活中不快樂的片段剪輯成一部影片，然後不斷地在腦袋中播映。

或許有人會問，誰會做這麼笨的事呢？自己折磨自己。

很不幸的，這件事每個人都常做，許多人閒著沒事就在「溫習」自己失敗的經驗。然後讓自己困在一個陰影裡，許多人因此失眠，害怕未來。這都是錯誤的思考結合。

讓我們把正面的經驗「結合」，把負面的事「抽離」吧！

事實上，全世界有最多負面經驗的人，肯定是業務員。因為業務員的工作之一，就是處理「拒絕」，生活中有一大部分經驗都在「跌倒，再爬起」的狀態。因此也特別需要讓自己的心志堅強，絕不要讓自己有藉口被負面思維牽絆。

但請記住，我們不要被負面思維牽絆，這並不是叫你逃避負面思緒，要你讓負面印象假裝沒發生。逃避，不是解決事情的方法。相反地，我要你面對這些挫折的經驗，並且超越它。

一般人想到挫折的經驗，整個人就會沮喪起來。但成功的業務高手，可以坦蕩地說自己曾有過怎樣的遭遇，並且記取教訓，不再被過去的陰影束縛。

在我的課堂上，我會訓練我的員工如何面對負面思緒。

例如，我有個學員，他年輕時曾經被一個長輩惡意對待，被諷刺是個「沒有出息的人」，他對此耿耿於懷，造成他的人格扭曲，生命中永遠有個陰影。

我在課堂上，要這個學員描述，如果痛苦指數有一到十分，分數越高表示越痛苦，那麼請問這個長輩惡意對待你的事件帶給你幾分的痛苦？這學員竟然說「痛苦指數破表」，表示這件事已經嚴重到妨礙他的人生了。

於是我要他跟著我的指令做：先用心想像那個長輩，然後開始將那個長輩的臉變形。先想像成是個米老鼠的臉，並且有著ET的眼睛，然後想像他開口，一出聲就是唐老鴨那滑稽的聲音。然後倒著念一句話：「你是沒出息的人」，變成「人的息出沒是你」……「人的息出，沒是，你」……

一開始他邊皺眉邊想像這件事，我要他繼續投入這情境，一直想，一直想，那個曾經的惡人長輩也只是個如今不知道在哪裡的丑角。那些諷刺的話已經成過往雲煙，「沒事了，沒事了，好嗎？」

他先是笑了出來，然後，大哭出聲。

哭過之後，一切都沒事了。他看清那些都只是過往的牽絆。

專注在正面的力量，然後專注在成功的方向，此時此刻。

二、永遠記住語言的力量

說出來的話看不見、摸不著，但言語的力量已經被證實有著超越時空，甚至神祕到人類仍未能充分探究的境界。

在全世界都有這樣的實驗。例如，同樣的兩缸水，每天對其中一缸水說出正面的話語，搭配輕柔的音樂；另一缸則每天早晚三餐按時謾罵，搭配吵雜的聲音，傳達煩躁的意念。最後檢測兩缸水，那一缸天天接收正面

話語的水，結晶體漂亮完整，相對的另一缸水則變得混濁。

對著生命體的影響更大，例如，兩盆植物，同樣是一盆用正面態度對待，一盆用負面語言伺候。一個月下來，一盆開得旺盛，一盆變得枯萎。甚至對無生命的對象也是如此，處理兩片吐司麵包，對著其中一片一直罵，另一片一直稱讚，幾次實驗都一樣，被罵的那片很快就發霉腐爛，被稱讚的那片則還是完好如初。

或許，有人覺得這些只是科學實驗。但現實生活中，語言對人的力量更是無比尋常的大。一個正確的激勵能夠讓想要放棄生命的人重燃希望；讓被各界不看好的問題兒童成為發憤向上的好青年；讓一個又一個本來失去目標的人產生新的動力。

語言的力量，包括對人，更包括對自己。

首先是對自已，當碰到被拒絕，碰到生意沒能成交的挫折時。要怎麼說呢？

你不要一直說「失敗了，很懊惱，很不順」這一類的話，因為當你說這些話的時候，你的腦海也就同時被這些負面思維所占滿。

你要改問自己三個問題：

1. 原本我要的結果是什麼？

2. 但現在的結果是什麼？

3. 所以我下次該怎麼做，才會讓結果更好？

在平常思考或者設立目標的時候，也要積極用正面字眼。例如：不要說「讓我不再生病」、「讓我不會被拒絕」、「讓我逃離恐懼」……因為對腦海以及宇宙的接受器來說，他們收到的訊號是「生病」、「拒絕」、「恐懼」。

請盡量改成正面描述的字眼，例如：

不生病，改成「健康長壽」。

不會被拒絕，改成「大量成交」。

逃離恐懼，改成「追求更多快樂」。

當我們常態運用正面的語言，久了將會發現，對自己的整個形象有很大改變。遇見你的人都會稱讚你容光煥發，整個人精神很好。

三、改變體態，形塑成功者氣質

體態，看起來是個人的事，似乎和成功無關。其實，體態不僅讓一個人給外在的觀感有很大影響，而且對自己本身也有正面加強或負面作用。

仔細觀察就會發現，當一個人沮喪的時候整個人會縮起來，或者蹲下身自己雙手環抱，整個形象就是萎縮成一團。當看到這樣的人，不用他說，你也知道這個人可能失戀或者遭遇什麼挫折了。

相反地，一個人若是鬥志昂揚，處在巔峰狀態，整個人的體態也一定是外放的。抬頭挺胸，雙臂外敞，有一種歡迎外界的架式。

是情緒影響肢體語言呢？還是肢體語言影響情緒？

也許一開始是因為心情不好影響肢體語言，但當我們強調這個肢體語言，那就會持續加重負面的印象，變成了一種負面循環。相反地，當心境不佳時，我們不要讓自己淪入這樣的負面循環，試著改變自己的動作，就會帶給心靈正面的力量。

請做以下實驗：

請你現在看著天上的藍天白雲，露出你的八顆牙齒，展現笑容。此時請你試著想不快樂的事，你會發現，你實在無法融入負面的情緒，因為整個的體態就是帶你朝開朗的方向走。

這是一個很好的例子，體態可以影響我們的心境。

我在課堂上做過一個實驗：讓兩個人上台，我讓第一個人閉起眼睛，

然後想像一件事，不論是開心的事或傷心的事都可以。另一個人的任務，就是模仿這個人的動作，當第一個人有什麼肢體動作，第二個人就要一模一樣。

過一陣子，第二個人模仿第一個人，入戲之後，我問他，你知道第一個人在想什麼嗎？結果答案八九不離十，只要動作一致，就很容易猜想到對方的心境。是在想失戀的痛苦，還是想約會等快樂的事，肢體語言不會說謊。

這也證明，體態不只影響自己，甚至還可以做情緒感染、能量轉移。

因此很多銷售大師們都善於做正面能量轉移。他們積極正面的體態，把樂觀情緒傳遞給學員。

此外，還有一個實驗：

我會請學員上台，先請他想像遇到挫折，想像不開心的回憶。此時我用我的手壓他的左手，雖然他比我強壯，我還是很輕易地就把他的左手壓下去。因為當人們處在負能量狀態時，身體力量也一定會變弱。

現在，我要他想像正面樂觀的事，想像他成交客戶時的興奮感。此時，毫無例外地，我壓他的左手，一定壓不下去。情緒可以改變體態，相對地，我們也可以用體態改變我們樂觀的正面心態。

因此，應用在生活上，如果碰到挫折實在走不出來怎麼辦？

運動是一個好的選擇，去跑步吧！跑步的動作本身就是全身放開的動作，所以人家說運動可以強健身心，這是有非常有道理的。

展現最佳的肢體語言，讓專業說話

前面我們提過，體態可以改變一個人的氣質。

當我們在面對外界，不論是面對客戶，或者面對朋友，或者面對陌生

的群眾。他們對你的認知，就是來自於你的體態，來自於你的氣質。

一個信心滿滿，充滿正面能量的人，和一個沮喪沒自信的人在一起，兩人的氣質任何人一眼都可以分辨出來。

體態的判定，只是最簡單，人人可以判斷的基本識人術。

對於業務員，這裡要傳授進階的讀心術：

以一個人的外表來說，上、中、下都有學問。上就是臉部，中是腰部含肚臍，下就是腳。

以臉部來說，若以額頭為三角形底邊，以下巴為三角形頂尖，畫一個倒三角形。最上頭的部分，也就是兩眼中間俗稱眉心處，是代表自信區和要求區；中間部分臉頰的位置，則是平輩區，到了下巴方向往脖子地方看，就是親密區。

當一個人和你談話，視線上看著眉心以上，甚至有點高高在上的感覺，那代表這個很有自信。

一般我們要購買比較專業的東西，或者聽取諮詢，會選擇比較有自信的人。就好像我們看醫生、找法律顧問，若對方是個視線閃爍，低著頭一副沒自信的樣子，那我們還敢將事情委託給他們嗎？

如果是平輩交談，則視線是偏向中間方向。

至於看往脖子的方向，比較適合情侶，因為這樣的視野帶著兩性間的性暗示。如果一個女性和一個老闆交談，老闆視線看向對方脖子，並且邊說話邊吞口水，那任何被看的人都會感到不舒服。一個男性業務員如果用這種視線和女性客戶交談，那肯定不能成交。若是同性，對方也會感到不舒服。

從眼神就可以決定交易的策略。

例如，當我們去買東西，老闆的視線是先看看其他地方，才回答你問題，這會讓人覺得這老闆不真誠。如果老闆說話時，看著你的眉心，你會

覺得他自信誠懇。

當老闆報價一千元時，如果你要對老闆殺價，只要看著老闆眉心說：「老闆，八百元」就可以展現你殺價方的強勢，因為看眉心是一種上對下的氣勢。一般身為領導者的人，就是以上對下的方式說話。

請記得，適當的上對下，不是傲慢。除非搭配命令式的權威感，以及語氣。否則一般的對談，以上對下方式代表專業、自信。若以平行方向，則是展現親和。一個專業的業務人士會適當的運用眼神的力量。

要讓人感到自己的專業自信，是透過眼神。

若要讓人感受到自己的真誠，可以適當的秀出頸、脖的方向，以及肚臍的方向。這裡不是要你露出肚臍，而是指「方向」。因為人類自原始時代以來的本能，在遠古人獸共生時代，人類時時處在生命威脅中，而人的兩大致命弱點，也就是野獸會一擊致命的地方，就是人的頸、脖以及肚臍所在位置，也就是脆弱的腹部。

到了文明的現代，人類的潛意識仍會保護這兩個地方。相對來說，如果人與人之間交流，我敢把頸、脖和肚腹開放給你，就代表著「我相信你」。

許多人不知道這個身體語言，但不論知不知道，都會受到潛意識的影響。例如，當一個純潔的小女孩，歪著脖子看著你，大人們肯定都會內心響起一個聲音，這簡直是「無可抵擋的魅力」。有些廣告也善用這樣的技巧，讓影片中的人歪一下脖子，一瞬間你的心就融入那一個購買情境裡。

因此，當與客戶交易時，特別是到了最後關頭，客戶要決定是否簽約時，請適當地露出頸、脖，讓對方加強信任感，可能就是讓他簽約的終極推手。

當人與人之間面對面，我們把頭、頸往前傾，一方面表示專心傾聽，一方面也表示信任對方。身體朝正面，也就是肚腹的地方朝客戶，就是往

前專注的意思。相反地，若我們和人交談，對方身體轉到其他方向，那就是代表不尊重你，或者他急著想要離開。

專業的業務員可以依憑著客戶的肢體語言，來評判自己的影響力。如果客戶本來是眼神飄忽，身體轉向其他方向，後來身體逐漸轉過來，頭也往前傾，那就代表他逐步被你吸引。

專家表示：「好的溝通，7%來自文字，38%來自聲音語調、55%來自肢體語言。」

當我們知道，什麼樣的人會帶給你正面的觀感。同理，你希望別人眼中的你是什麼樣的形象，你就要學習這些肢體語言。

首先，要讓人信任你，你的肢體語言一定要展現開放的態度。不要把身體縮起來，也不要抱胸翹腳。特別是翹腳的動作，在多數人眼中這是不禮貌的，表示想與人保持距離。相反地，若讓雙腳輕鬆地交叉是表示放鬆及信任，為什麼呢？因為雙腳交叉代表支撐力不夠，整個人處在放鬆的體態，當你和客戶這樣談話，會讓這種輕鬆情緒感染到對方，減低交易時的緊張感，有助於成交。

想要知道你在別人眼中的形象，也可以試著平常多照照鏡子，對著鏡子笑，對著鏡子擺POSE，看看你喜不喜歡鏡中的自己。

當肢體語言改變了，也要適時地調整說話的聲調。

由於每個人的聲音不同，這牽涉到體質以及說話習慣，不可一概而論。但基本原則，說話如果使用上揚的語句，是在徵詢；說話尾音往下壓，則比較是命令語氣。

在談話的時候，說到關鍵處，適時地讓聲音上揚：「您說是嗎？」讓客戶專注於你的問題。在有關決策的部分，則用下壓的語氣：「讓我們一起合作吧！」這是一種潛意識的指令。往上揚尋求認同，往下壓屬於下指令。

　　適當的應用語調，再加上談話的快慢調節，好比如說，適當地放慢聲音，會帶來一種催眠效果，讓話比較慢比較深沉，能夠深入對方潛意識。高昂輕快的語氣，則可以帶起客戶開朗的心境。

　　業務高手們，現在就帶著正面信念，充滿自信的出發。搭配體態的調整，以及了解適當的肢體語言和說話方式。

　　相信你在習得所有業務內功之後，面對各種業務挑戰，都將無往不利。

業務內功總檢討

　　讓我們一起來複習十大業務內功心法，並評估自己的分數。

　　覺得自己這方面完全不及格的是0分，覺得自己這方面做得很好是10分。

　　針對以下項目，每位讀者分不同階段來自我鑑定內功分數：
（建議讀者，於本書第一次閱讀時填下本表，在身體力行三個月、半年後，持續追蹤，看自己的分數有無成長。）

項　目	0	1	2	3	4	5	6	7	8	9	10
建立正確價值觀											
定義你的成功											
做好自我激勵											
調整價值優先順序											
學會建立心錨											
訂定人生目標及落實											
拓展你的企圖心											
調高你的財務溫度計											
建立成功學習典範											
打造自我成功品牌											
鞏固人脈圈											
熟習成功者肢體語言											

第一次閱讀時填寫

項　目	0	1	2	3	4	5	6	7	8	9	10
建立正確價值觀											
定義你的成功											
做好自我激勵											
調整價值優先順序											
學會建立心錨											
訂定人生目標及落實											
拓展你的企圖心											
調高你的財務溫度計											
建立成功學習典範											
打造自我成功品牌											
鞏固人脈圈											
熟習成功者肢體語言											

身體力行之後填寫
（　　　個月後）

第**2**部

業務外功篇

縱橫江湖，我武維揚

第一招 大力金剛指

展現業務硬功夫，銷售才是王道

打通任督二脈的業務高招，現在進行到第二部的業務外功篇。

第一招就來個威猛的招式「大力金剛指」，其是來自少林的強力外功，也是少林七十二絕技之一。功力達到火候者，力可以捏金裂石，若擊中人身，就會導致筋斷骨折。在《倚天屠龍記》，名震天下的武當七俠裡，就有兩位因為受到「大力金剛指」的摧殘而變成殘廢，是個非常強勁的功夫。

而業務領域講究剛柔並濟，基本上，業務員的銷售世界是一個直接面對生存競爭的戰場。我們在此先從建立強勁的業務基本功法開始，再進入柔性策略、心戰策略，就能有效發揮銷售效果。

銷售，是一個以結果見真章的絕對任務，不像行銷，可以產生分階段的影響力。

銷售的結果只有兩個，「成交」或者「不成交」。

沒有所謂的「成交了99%」，不論過程耗時多久，也不論前面的交易談判多麼地愉快融洽，只要最後客戶決定不購買，對業務員來說，結果就是「零成交」。以業績來說，就算你努力了一萬分，但是結果只有十分，公司也只會看你的結果。

因此，「成交」是業務一定要達到的終極使命。

對症下藥，業務必勝

武俠小說裡，常有主人翁不幸誤服特殊的毒藥，就需要某種特定的解藥才能挽救。例如，中了「十香軟筋散」，就要服「七蟲七花膏」才能化解。

有些症狀還只有頂尖神醫才能解，好比如說《倚天屠龍記》裡的張無忌中了「玄冥神掌」的寒毒，連蝶谷醫仙胡青牛都治不好，最後要靠「九陽神功」才能化解。

然而無論如何，有一症，通常就有一解。

在銷售的領域也是如此。

這世界上只有能力不足的業務，
絕對沒有賣不出去的產品，
也沒有無法銷售的對象。

有一個知名的案例：懂得銷售，甚至可以把梳子賣給和尚。

話說，有一個員外要嫁女兒，想要找個具有聰明才智的青年當女婿對象，一方面娶他女兒，另一方面也協助他的事業。

有甲、乙、丙三個青年表示有意願，於是員外給他們出了個考題，他拿出了一箱梳子，對著青年們說：「凡是可以成功將這批梳子賣給山上寺廟裡和尚的人，就可以娶我女兒。」三個青年聽了都躍躍欲試。

甲青年，走到了寺裡，他憑著三寸不爛之舌，極力向和尚吹捧這梳子有多好，就算不能梳頭髮，也可以按摩頭皮。但是寺裡的和尚完全沒興趣聽他說話，婉謝他的推銷之後，便請他離開。

乙青年，採取另一個策略，他不賣梳子，改用感情攻勢。他告訴和

尚，出家人慈悲為懷，乙青年敘述自己的出身貧苦，但是也是個善心人，如果有機會成為員外的女婿，日後他將積極地做善事。和尚經不起他一再地懇求，勉為其難地買了一把梳子。於是，乙青年喜孜孜地去找員外，認為自己達成任務了。

此時，丙青年笑著說：「看我的吧！」

丙青年，同樣拿著梳子到寺裡。他一進寺裡，就表示有重要的事情需要找住持談談。當住持迎接他之後，丙青年拿出事先準備好的計畫書，用清晰的語句和住持說明，根據自己的觀察，寺廟裡的營運狀況是如何的，影響力不及臨鄉的另一間寺廟，香油錢也遠不及另一間寺廟。

但是丙青年告訴住持，他想到了一個好方法可以帶給該寺廟更大的名聲，那就是廟裡提供賜福的「平安梳」，透過寺廟的加持，可以帶給信徒與家人平安。如此，既造福民間，也能打響寺廟名聲，不但銷售梳子能有進帳，香客變多了，香油錢當然也會變多。

住持認同丙青年的提案，不僅一口氣就買了五百支梳子，之後還成為了長期客戶。丙青年尚未成為員外女婿，就已經幫員外賺了大錢。

這個故事給了我們什麼啟示？

什麼是銷售？什麼是業務？

銷售，不只是展現口才的領域。有許多人以為自己口才不好，所以不能當業務員，這是錯誤的觀念。業務員如果只是很會說話，卻抓不到客戶的需求，也是徒勞無益。

銷售，也不是做表面的工作。我們經常聽到有些直銷或保險公司的新手業務，為了要得到業績刻意去找自己的親朋好友，用人情攻勢請他們捧場，但是這畢竟不是真功夫，也許一時之間能有點業績，但是長期下來，只會再歸零。並且在過程中打壞了和親友的關係，可說是得不償失。

真正的業務，是一種雙贏的局面。

請記住，客戶為什麼要買你的東西？他們的目的絕對不是為了要增加你的業績，而是因為這個交易「對他們有好處」。一個業務員，如果心中念茲在茲的只有自己的業績，那麼一定做不成好業務員。

所謂「對症下藥」，與其說業務員是個推銷員，不如說是個「需求顧問」。上例中的丙青年，因為將銷售重點放在如何找出寺廟的問題，然後「對症下藥」，於是他成功地將梳子賣給和尚。

我們做業務銷售，也要懂得對症下藥。

一般來說，客戶的需求只有兩大類，不是「尋求快樂」，就是「逃避痛苦」。

所謂的「尋求快樂」，就是購買你的商品或服務，可以讓他更滿足、更便利、更有效率、形象更好、錢賺得更多、生活變得更好等等。任何可以帶給客戶正面效果的增加，都是一種「尋求快樂」。例如，丙青年銷售「平安梳」能讓寺廟的營運更成長，這就是「尋求快樂」。

所謂的「逃避痛苦」，包括減少病痛、解決麻煩、改善現況、降低風險、疏導不便、排除糾紛，只要能讓生活中原本不好的狀況消除，都是屬於此一類。

這世界上的每一個人，一定有「追求快樂」和「逃避痛苦」的需求。重點只在於，他想要選擇「哪種商品」、「誰家的產品」，還有「和誰做交易」。

如果一筆交易沒成功，這不一定代表這個客戶沒有這個需求。這只能代表你銷售的方式不對，不能觸動他的心。

而該如何對症下藥？這就是一個頂尖業務員需要持續強化的課題。

抓住客戶的消費模式

每個人都至少有一個以上的渴望。

而那一個渴望，是就算要他花再多錢也願意的。例如，有的人平常省吃儉用，叫他買件衣服，他可能考慮個老半天，最後還是作罷。但是如果看到他夢寐以求的限量郵票，他可能願意出一、兩萬元去買。

銷售人員經常會碰到一種狀況是，和客戶介紹了老半天，客戶最後還是一句話：「對不起，我沒有錢。」、「不好意思，我要考慮看看，目前沒這個打算」。

如果現在要銷售給他的是他很想要的東西，那麼他就算到處借錢，也會想方設法立刻買下來，不會出現「錢不夠」的問題，也不會出現「需要考慮」的問題。所以，

客戶任何的拒絕理由，歸根究柢一句話，就是你沒有打動他的需求。

那麼，我們該如何打動客戶的內心需求呢？

這就需要經驗的鍛鍊與累積，如同我們在業務內功篇也曾一再強調：重複，再重複，拜訪量大，成交量就大。

真正的需求敏感度，得靠個人的修行，努力拓展自己的拜訪量，才能日積月累出來這樣的功力。

這裡依照客戶的價值觀不同，分為以下類型。不同的類型，有著不同的需求切入點。

家庭型客戶

這類型的人較為重視家人和朋友。

他們購買商品或服務的理由，除了自己有迫切的需求之外，最常見的就是和家人、朋友有關。例如，有人報名各種課程，目的是為了藉由學習來增加自己的競爭力，提升自己的能力，最終是為了要給家人更好的生活。

針對此類型的人，銷售商品或服務時，只要能理解他的關鍵所想，大力讚揚他對家人的關愛，並且特別強調家庭的價值。就有可能觸動他的購買決心。

這類人除了愛家之外，另一個特性就是個性較為保守。不喜歡具冒險性，或者太新奇、需要嘗試的東西。因此，若你能強調產品本身的優質與實用，會比大幅地鼓吹流行、酷炫要好。

模仿型客戶

這類型的人通常對自己較為缺乏主見和信心，也比較容易受到廣告影響。

一般來說，有品牌或者有打過廣告的商品，比較容易說服這樣的人。

他們會想要成長，也想要有一番作為，但是內心經常缺乏一把推力，而業務員可以做為那一個推力，給他一點信心，給他一點願景，強調商品可以讓他更有魅力，對他的發展更有幫助。但要注意也不能給他們太大的壓力，否則會帶來反效果。

通常你可以給一點提示，當他陷入思考時，就有機會了。

最後適當時機再推一把，就可能成交。

成功型客戶

這類型的人較為自負，覺得自己與眾不同。

業務員對他們銷售時，如果強調大家都在使用，那可就放錯重點了。他反而可能會不屑一顧。

對這型的人銷售，要強調商品可以搭配、凸顯主角的風格，商品只是配角，特別要提到「獨一無二」、「稀有」這樣的字眼，在適當的時候，還可以提到「王者風範」、「品味非凡」這類的用詞。

總之，應對這一類的客戶，必須要凸顯出他本人的重要性。

當他感受到尊榮待遇時，就可能會買單。

社會驅向型客戶

「我是個有理想、有抱負的青年！」這句形容詞最適合這類型的客戶。

他們比較有使命感，有大我的思維，可能是「先有國，再有家」的心態，帶點熱血，帶點夢幻。

因此，和這類型的客戶銷售就要談到理想抱負，例如，可以幫助更多人、這是屬於有遠見的人才能匹配的商品。

這類型的人也會重視智慧的成長，例如，如果他們報名上課，主要的目的一定是追求知性的提升，另外就是拓展人脈，更融入人群。

和這類型的客戶說話時切忌不要爭辯，因為他的理想都是對的，我們就順應著他就好。甚至我們可以說：「像你這麼聰明的人，一定知道這商品的價值。」你將商品鑑定的決定權交給他，他就會樂意地用買單來證明他的聰明。

生存型客戶

「生存型客戶」也稱為「實用型客戶」。

他們買的東西就是為了生存或生活所需，你不需要和他們談未來的夢想、談國家社會的願景，因為那些都離他們太遙遠了。

他們只關心「現在」，你就可以說：「這商品好用」、「比另一個廠牌便宜」、「售後服務也周到」等直接告訴他商品的重點，告訴他商品對他現在的好處是什麼。

這類型的人通常也很乾脆，如果確實有需要，他通常會立刻就買單。

混合型客戶

此類型的客戶有「成功型」的特色，對自己有自信，但也有社會趨向性的優點，他們對社會具備關懷抱負。

他們許多都是社會菁英，對他們說話要講重點，如果過程中想要使用什麼行銷話術，說得太言過其實，他會看輕你，不想和你交易。

這類型的人購買東西也有一定的主見，通常他的心中已有決定，不容易被銷售的話術所動搖。因此，想成功銷售就必須證明：你提供的服務就是契合他內心所想像的那種。就算他原本心中已屬意其他品牌，但是優秀的業務員還是有可能藉由專業的談話，讓對方認定「原來還有更好的啊！」

以上只是大致的分類。

實際上，我們會面對到的客戶類型是千千百百種，但是基本概念都是一樣的，那就是抓住他們的需求，就能成功銷售。

如果沒有抓到需求，只是一味地說、說、說，那麼就是你說得再怎麼口沫橫飛，也只是浪費雙方的時間。

練功時間

學習面對不同類型的客戶

Q 請試著找同事或朋友合作，請對方扮演客戶，依照你本身的業務屬性，讓這些客戶對你提出購買商品的種種質疑。
由你來判斷對方的消費模式，並做出你的應對銷售紀錄。

Q 在你的工作崗位上，請你特別找出三天做紀錄，記錄你這三天和不同客戶的應對經驗。並分析當你遇到不同的客戶時，你如何判別他的消費類型？

Q **你的應對方式是？**

Q **是否成交？**

Q **如果沒有成交，原因是什麼？**

打狗棒法

打蛇隨棍上的成交術

翻開武俠小說，提起丐幫，你可能會立刻聯想到兩大神功，一是「降龍十八掌」，另一個就是「打狗棒法」。

「打狗棒法」不僅僅是丐幫高手禦敵的武器，這竹棒本身更是幫主的象徵。一棒在手，招式玄奧無窮。「三十六路打狗棒法」是丐幫開幫祖師爺所創，歷來是前任幫主傳後任幫主，決不傳給第二個人。

作為一個業務高手，我們藉此表示，一個神奇的業務絕技不只三十六路，不論是面對各種需求的客戶，業務「打狗棒法」，秉持著打蛇隨棍上的要訣，可以盡情施展，拓展業務新境界。

要讓生意成交，一定要打動客戶的心。

有句話說：「女人心，海底針」，其實客戶的心也一樣難以捉摸。我們無法瞭解他們的內心在打什麼算盤，到底最後是什麼因素，使他們最後還是不買單。

如果一切都要依照客戶的內心判斷，再來做生意，這是典型的「以客為尊法」，本書也會傳授幾招：如何抓住客戶內心的想望，讓生意成交更快的方法。

但是除了抓住客戶內心想法之外，本章傳授的招式是可以透過由業務員主導，來改變客戶內心的想法。這是一種操之在我，大幅增進業績的方式。

關鍵因素，就在於「心錨」的設定。

建立正面心錨，帶動銷售影響力

有一句俗語：「一朝被蛇咬，十年怕草繩」，所說的就是一種制約的力量。

當某一個動作、事物、影像或情境，可以讓人聯想到從前的某個記憶，就會對一個人現在的行為產生影響。

在本書的內功心法章節中，我們也介紹了一個專有名詞：「心錨」，意思是只要讓「自己的個性」和「正面的聯想」相結合，就可以刺激自己的行動力。

而作為業務對外的一種技巧，「心錨」更是一種結合人性心理，能夠成功促進銷售的重要方法。其應用原理很簡單，就是讓客戶在情緒快樂的時候做出購買決定。這是一種典型打蛇隨棍上的招式。

許多時候客戶下訂單，「對產品喜不喜歡」雖是最基本的原因，但從「喜歡」到「決定要買」的過程，客戶的內心還有許多的心理轉折，而往往最後決定不買的原因，只是因為「心境不對」。就像是許多人逛賣場都只是看看而已，如果真的要掏出錢包，內心還是會有許多的猶豫、掙扎。

透過正確的「心錨」運用，就可以讓客戶從猶豫的負面情緒轉變為非常歡欣的正面情緒，進而變成下單的行為。

還記得在講述業務內功心法，我們介紹過「心錨」是可以「設定」的。既然我們可以對自己設定「心錨」，砥礪自己更加上進，那我們也可以對客戶設定「心錨」，藉由帶給客戶美好的感覺，促成進一步的交易。

透過心錨影響別人，原理有點像催眠術，但我們的目的是創造一種愉快的感覺，以追求雙贏為目標。

基本上，透過「心錨」戰略讓客戶成交，有兩個關鍵：

第一，要有一件被連結的事情

以銷售推展來說，這件要被連結的事情一定要是能讓客戶開心的事。

第二，要有一個連結的關鍵動作

要讓客戶透過這個關鍵動作，直接聯想到那件開心的事。

因為在這世上，每個人最相信的人就是自己。

所以最好的銷售是「讓自己說服自己」，當一個人對某個情境感到愉快，那他就會願意告訴自己「這東西值得買」。

一個成功的廣告，就是藉由這種「心錨」的力量，甚至不必業務推銷，客戶就自己指名要買某個產品。例如，明明是賣汽車，電視廣告中卻不著墨在汽車性能，而是刻意營造一個丈夫帶妻子、孩子快樂郊遊的畫面，當這個畫面刺激了觀眾，想起了與家人相處的美好回憶。他就會自動地將這輛車和那美好回憶做連結，於是就很容易說服他買這輛車。

許多直銷產品的銷售場合也是透過「心錨」的原理來設計氛圍。例如，透過眾人包圍、兄弟姊妹歡笑圍繞的現場氣氛，讓當事人聯想到自己從前和朋友歡聚，或者團體相處的快樂時光。許多參加直銷活動的人都有這樣的感覺，不論後來有沒有買產品，至少當時那種大家圍著他、關心他的情境，讓他在那一個時刻覺得很開心。

那麼，做為一個個別的業務人員，要如何透過「心錨」技巧的應用來增進銷售呢？

「心錨」的設定不一定要砸大錢透過廣告來創造情境，也不一定要採用人海戰術，就算自己一個人，運用簡單的「開心事物創造」以及「開心印象連結」，也可以讓客戶從心動轉而行動。

方法一：正面印象累積

當和客戶交談時，只要談到正面的快樂的事情，就有意無意地將手比向自己。好比如說：

「我們都喜歡誠懇正直的人，他們是買賣商品的保障。」（邊說，邊將手比向自己）

「好的產品，經得起時間考驗，能夠讓客戶用得安心。」（邊說，邊將手指向自己帶來的產品）

一席話下來，客戶就會被制約一個印象，「你」就是代表好產品、好服務。

方法二：在對方情緒最高昂時，設下「心錨」

例如，兩人談話聊到很開心的時候，你刻意手上拿著一枝鋼筆，同時對他比出一個讚的手勢。每當客戶說到很興奮的時候，你就陪著他大笑，邊笑邊比出這樣的手勢。

談話到最後要決定是否簽約時，你便在適當時候，手中拿著鋼筆再次比出讚的手勢，客戶不自覺地感到開心，在當下，他便立刻決定要簽約。

時常，我們要邀請某個人買產品或者加入你的團隊。在交流時，只要適當的透過「心錨」建立起正面連結，假以時日，對方自然對你累積好感，終有一天會成交。

同樣的方法也可以用在勸導朋友戒除惡習。

舉例來說，我以前有一個同事A，他有抽菸的習慣。我們本來不反對他抽菸，但自從他去健康檢查，醫生對他提出戒菸的警告之後。我們幾個同事便覺得有義務幫助這位同事A戒菸。

　　事前，我們安排一個聚餐，在現場我們刻意聊到這位同事A最討厭的話題——蟑螂。因為大家都很熟稔了，我們當天邊吃飯邊開了很多有關蟑螂的玩笑，並且大家有志一同地發明了一個手勢，每當聊到蟑螂，就擺出那個手勢，故意拍那位同事A。一整晚下來，大家笑鬧過後，也已經讓同事A對那個手勢產生一個強烈的印象。

　　之後，我們每次在同事A想要抽菸時，只要他有任何的相關動作，例如：拿出菸盒、抽菸出來，或者把菸放進嘴裡等等。我們經過時，就會刻意使用那個手勢拍他，讓他每被拍一次，腦海中就浮現蟑螂，然後蟑螂又和吸菸這件事連結起來。

　　由於是全體同事大家都一起參與這個祕密行動，加上原本醫生的警告，久而久之，這個同事A每次抽菸就會連結到負面的印象，後來他也就戒菸了。

　　你可以用心去觀察，在生活中有很多的場合，例如，那些知名的演說家或企業家都很善用這些「心錨」的暗示法，他們每當談到正面的，如責任感、誠實等等用詞，他們的手勢都會比向自己。

　　許多產品也會創造出自己獨有的動作或象徵，好比如說運動鞋廣告，在畫面上出現運動員奪標的最精彩的一刻時，同時秀出這產品的商標LOGO。

　　一般人聽大企業家演講或者看電視廣告，以為自己只是完全客觀的第三者，但是殊不知，在你將視線投注在那位名人或者某段廣告時，你就已經被強制加入這場心錨遊戲裡。在潛意識裡，你已經被下了「心錨」。

　　曾經有個著名案例，某個可樂廠商刻意投資一部電影，在電影放映時大量出現可樂畫面，雖然因為影片的步調很快速，觀眾們完全不記得自己曾看到任何可樂畫面，但是其實透過視覺暫留，觀眾不記得看到畫面，然而潛意識裡卻全看到了。

一出戲院之後，許多觀眾就莫名地很想買可樂來喝。這種做法後來被禁止了，但此案例可以說明，透過內心的行銷影響力有多大。

運用「定錨」，對比出你的業績

另一個也是透過心念的制約，可以對人帶來影響的方法，稱為「定錨」。前面提到「心錨」，是指透過聯想法，當客戶要做購買決定時，「心錨」的制約讓他只聯想到好的事情。

而現在談到的「定錨」，則是用「對比」的方式，同樣可以對人的行為帶來影響。

所謂「定錨」，是借用一種「對比」的概念。

我們都知道，同樣的事情在不同的情境下會有不同的感覺。就像是同樣是三分鐘，在世界上的任何地方，三分鐘都代表著六十秒乘以三次，只要在地球上，都沒有例外。可是當你和心儀的女孩一起說話時，你會覺得這三分鐘怎麼過得特別快，你都還沒開始說到重點，三分鐘已經過了。

但是當你處在一個危險的環境，或者是要你擺出一個令你很不舒服的姿勢，你就會覺得三分鐘怎麼那麼久，你已經快忍受不了了。

人是習慣的動物，為了讓生活可以不要經常應付變化，人會先將自己附著於一個設定的環境氛圍裡。好比如說，當台灣的冬天氣溫低到十幾度時，一個來自北歐國家的遊客會覺得台灣的天氣好涼爽，他們穿著短袖就覺得足夠；然而一個來自赤道國家的遊客，則會覺得太冷了，他必須穿上大衣才能禦寒。這和他們的身體健壯與否沒直接關聯，而是和他們習慣的「定錨」有關。

再舉一個例子，我們放了兩個盆子，一盆裝冰水，一盆裝熱水。當我們將右手放入冰水中三分鐘，左手同時放入熱水中三分鐘，之後端來了一

盆溫水，我們將雙手同時放入這溫水盆裡，右手就會覺得偏熱，左手則會覺得這水好冷。

這就是透過「定錨」所對比出來的不同感覺。

在銷售上，我們如果善用這種對比，就可以創造出更好的業績。如下說明：

價值對比法

在一個銷售場合裡，你可以特別營造出有社經地位的人士都特別指定哪幾樣優質的產品。例如，在餐廳裡有幾道菜雖然貴一點，但是這是知名企業家都指名要品嚐的；或者展示西服，有哪幾款是名流愛用的款式，雖然只差幾百元或者幾千元，但是感覺就是不一樣。

當你替商品營造出這種印象之後，客戶要購買時，就可能會寧願多花一些錢讓自己提升價值。如果不運用這種價值對比法，那麼客戶對商品的第一印象可能只會是覺得「這東西好貴，我不想買」。

價格對比法

當你帶客戶去參觀商品，例如：參觀車子時，我們介紹了好幾款車都是一百萬元起跳的價格，這些車的性能好，座位又舒適。那麼在我們介紹的當下，客戶已經在心中「定錨」，好的車子等於一台上百萬元。

這時，我們再介紹客戶一款車子，我們不斷地強調這款車性能不輸剛剛看的百萬名車，座位也很舒適，但是這款車子只要七十萬元。那麼當下客戶很容易心動，因為在他的認知裡，好車要上百萬元，而這台好車卻只要七十萬元，因為太便宜了，他一定賺到了。

如果不透過對比，你只是帶著他看各種車子，有的車子六十多萬元，有的車子八十多萬元，客戶心中沒有「定錨」，對於七十萬元的車子他就不會有特別的感覺，就無法刺激他買單。

主從對比法

　　聰明的賣家在賣東西時，不會貪多嚼不爛地只想一股腦兒把東西都推薦給客戶，而是一定會循序漸進式地進行。

　　有的業務員，他推銷A產品給客戶，不成功，就改拿出B產品，結果又不成功，於是，他再繼續拿出單價更低的C產品，如此，就會給客戶一種感覺「你這業務員已經山窮水盡了，才會不斷地自貶身價。」

　　而高明的業務員只專心推薦最高檔的產品，當客戶有興趣了，他有機會再拿出其他的商品。好比如說，客戶買了一輛七十萬元的車了，此時再勸他：升級椅套只要兩、三千元，或者加裝個音響只要八千元，那麼客戶很容易就買單了，因為對比於七十萬元，這些幾千元的金額頓時變小了。

　　其實在生活中，有很多機會可以透過「定錨」法來提升業績或者增加辦事效率。例如，在高級大飯店裡，餐點會賣得比較貴，因為顧客普遍都會有「既然我都來這裡了，還怕花不起這個錢嗎？」的心理。

　　對於一個剛經歷過朋友生重病的人來說，此時和他推薦人壽保險，他的接受度會大幅提高。或者當一對情侶路過時，適時地向男方推薦買束鮮花給女友，就非常容易見效。

　　關鍵在於，任何事情在正常的情況下，客戶不一定會買單，但是只要透過各種對比，讓原本貴的東西，看起來不貴了；原本不重要的事，看起來重要了；原本沒興趣的東西，現在覺得和自己有關了，那麼，你就成功

了！

其實，就連小朋友也懂得運用「心錨」對比呢！

以下是一段大人和小孩的對話：

一個孩子想要吃冰淇淋，但他知道父親可能不會買給他。於是他採用「定錨」策略，拉著爸爸到玩具店門口，

「爸，我要買變形金剛啦！」

「不好啦！這要兩千元，家裡已經有很多玩具了，不要再買了。」

「我好想要那個模型耶！」

「不要啦！上次買的模型，你後來也沒在玩了！」

在和父親纏鬥半天之後，孩子終於放棄了，他對著父親說：「好吧！那不然爸爸帶我去吃冰淇淋！」

此時的父親也鬆了一口氣，心想：「當然沒問題！只要不要再吵著買玩具，你要吃兩客冰淇淋也沒問題。」

這就是「定錨」的力量。

透過對比，能讓原本不會成交的案件，大幅提高成交率。

練習使用定錨

請試著將本章舉例的方法運用在實務上，並記錄自己某一天的銷售過程。

Q 請描述你如何透過「定錨」來促進成交？

....

....

Q 你使用的「心錨」是什麼？

Q 效果好嗎？

Q 有什麼該改進的地方？

Q 請嘗試使用本章講述的對比法，「定錨」你的客戶，並記錄下來效果如何？

Q 如果沒有成交，請找出為何你的「定錨」沒有成功？

斗轉星移

第二招

以彼之道，還諸彼身，基本業務應對術

提起武俠小說的招式，有一招叫做「斗轉星移」，多數人的第一印象通常是覺得「好像聽過，又好像沒聽過」，但是如果換個說法，叫做「以彼之道，還諸彼身」，許多人就會「喔！」一聲，這下就表示聽過了。原來就是《天龍八部》裡，南慕容、北喬峰，那個南慕容的知名功夫。

這是一個借力打力之招，令對手自作自受，死於自身武學。看起來像是使用對方一模一樣的功夫，然而是抓住對方武功的精要，才能做到反制。若對手武功太強，則不適用此招。

做為一個優秀的業務員，要熟悉客戶各種的拒絕理由，要能「以彼之道，還諸彼身」。若用在制敵的觀念，是以牙還牙，但是用在銷售上，則是找出客戶真正的需求點，予以適當的回應，才能有效提高成交率。

經常有人說，自己從學校畢業之後，在日復一日、年復一年的工作之中，覺得自己都變笨了。為什麼呢？因為他不再學習了，他就只是待在一個制式的工作上。

但是對於投入業務工作的人來說，就沒有問題。因為我所認識的頂尖業務員們一定也都是胸中有物，談吐很有內涵的人。

原因無他，要在銷售戰場上存活，一定要懂得夠多，學習、學習、再學習。業務不但要懂得比客戶多，而且，如果有一百個客戶，那麼業務員就要懂得和這一百個客戶應對；有一萬個客戶，業務員也得要和這一萬個客戶應對。

一個業務員如果有他不懂的地方，那麼他一定是個不夠努力的業務員。

兵來將擋，水來土掩

　　武功高手慕容復能施展「以彼之道，施之彼身」的高招，但是有一個前提是，姑蘇慕容擁有龐大的武林功夫資料庫。

　　現代的業務高手要能因應各種類型的客戶，不敢說要學富五車，但是絕對要對自己的產業、產品，甚至時事等領域都做足了功課。

　　針對客戶的詢問，只要回答有任何一點文不對題、虛應故事，甚至被抓包錯誤，或者回覆時有任何一點猶疑或者不正確，那麼成交率就會瞬間大減。

　　我們會遇見什麼樣的客戶？簡單來說，我們會遇見「反對我們」的客戶。如果客戶原本就指定要買什麼產品，或者只是幾十元，很便宜、人人都可以隨手買得起的產品，那麼老實說，這不需要業務員，就算是一個高中生也可以輕鬆地把東西賣出去。

　　真正有挑戰的，還是在於讓原本拒絕或者原本沒有要買單的顧客，從心動進而產生行動。

　　那麼，在各種提出反對理由的客戶之中，最困難的對手是哪一種呢？

　　很多人以為，越是刁鑽、愛刁難的客戶，是最難搞的澳客。

　　但是其實不是。

　　以我從事業務行銷近二十年的經驗，我敢肯定的和各位讀者報告，任何會提出反對理由的人，絕對不是最難搞的客戶。

　　真正最難搞的客戶，第一是那種「悶不吭聲，理都懶得理你」的客戶。就算是世界頂尖的業務高手也難以撼動一個根本不和你對話的客戶，

那就像是要比武，但是對手卻是空氣一樣地無從著力。

第二難搞的客戶是「虛應故事」的客戶。他們也許表面上笑容可掬，和你敷衍幾句，但是其實他們和第一類的難搞客戶一樣，對業務員來說，這也是一個無從著力的對手，頂多對方比較禮貌一些，還會和你客套，做做樣子。

但是對一個根本沒將心留在現場的人來說，業務員也只能早點收手，不要在這種類型的人身上耗費時間。

相反地，那些有各種反對理由的人，甚至反對的理由越多的人，越是好客戶。正是商場上一句流行的話：「嫌貨才是買貨人」。

一個有自信的業務員最喜歡碰到的狀況就是客戶主動提出問題。

在我的心中，每當碰到這種情況時，就會發出「叮」的一聲，就好像收銀機的聲音一樣。此時，我都會用十二萬分的熱誠去克服過程中的困難，就算最後還是沒能成交，至少，每次這樣的「攻防」都會讓我的學習更上一層樓，因為我會多認識一種客戶的提問，多瞭解自己的產品可能會被質詢的焦點在哪，也就多了一分我可以預先準備的空間。

那麼，一般來說，反對的方式有幾種呢？

視各種產品的類型不同，客戶的性質也差距很大。例如，科技類產品和金融商品的銷售，或者和護膚美容服務的銷售，其客戶的類別絕對不同。然而還是有些共通的「反對模式」，基本上有六個最常見的反對理由，如下：

1. 沒錢

2. 沒興趣

3. 價格太貴

4. 不需要

5. 考慮看看

6. 跟同行比較

一個專業的業務員在心中對於以上的六種理由，一定會有一個基本的應對方式。如果連這樣的準備都沒有，就不是一個合格的業務員。

除了反對的理由之外，這裡也要介紹不同類型的客戶，如下：

第一型：海綿型客戶

此類型的客戶特色是「沉默不語」。

他們像個海綿一般，只吸收，不提出看法，但也不是漠不關心，他們基本上還是對產品有興趣，只是不知道他們內心在想什麼。這種類型的客戶是最具備挑戰性的。

因為眾所周知，從0到1的這一步最困難，如果有了1，再來進階下一級就比較容易。但是，一個不說話的客戶，就好像只有一個0一樣，難以著力。

因此厲害的業務員一定得想方設法去打破這種現場的沉默。你可以透過親切的聊天，多用開放性的問句來降低他的戒心。

以我的經驗，這類型的客戶不開口則已，一旦開口，反倒沒那麼難溝通，經常也能夠順利成交。

第二型：藉口型客戶

比起海綿型的客戶，此類型的客戶同樣不正面回答問題，但是卻比海綿型客戶還麻煩。海綿型客戶頂多就是不說話，但是藉口型客戶卻會說一些迂迴的話，業務員必須先應付這些迂迴的話，才能順利導入正題。

藉口型的客戶不會直接告訴你他真正的想法，他會說：「他要想想

看」、「他要考慮看看」。很多時候，他們是不喜歡人家干擾的，會說些話讓業務員知難而退，但是其實他仍然是想購買東西的。

此時，你可以嘗試用一招「回馬槍」，那麼要怎麼做呢？

你可以假裝要離開了，但是突然之間，還是回過頭來問他：「你的問題到底是什麼？也許我可以幫幫你。」

經常這樣做的時候，客戶還是會將注意力放回主題，告訴你「其實他想要什麼」，這樣再繼續談下去，就可以順利成交。

第三型：直接拒絕型客戶

有些客戶一開頭就會跟你嫌東西貴、嫌這不好、嫌那不好。

除非客戶說的事情，的確是對你的產品有很深的誤解，例如，他表示網路上都說你們的產品有食安問題，這種時候就非得要解釋一下不可了。

但是大部分的情況是，客戶嫌你的產品哪裡不好時，業務員應有的態度不是和對方辯論，如果他說：「這款的機型不好看」，你硬要和他吵：「我們的產品機型超好看、有得過獎的」，就算業務員辯贏了也沒有意義。因為贏了口才，卻輸了訂單。

對於這類型的客戶，要善用「轉移法」。例如，客戶說你的產品比較貴，其實你的產品也真的比較貴，此時你不應該就價格部分和客戶爭辯，也不用因此降價，而是要將重點轉到其他客戶會欣賞的優點上。

後篇我們會分享各種業務銷售話術，在此我們要強調的是，不要跟著客戶的節奏走，而是要另外導引他，往客戶也認可的優點說，例如：「產品貴一些，但是我們的品質很優」，這點相信客戶也是同意的。

以此導入取得共識，再往後談，就容易成交。

第四型：問題型客戶

真的有問題想問的客戶，是我們最歡迎的客戶了。這時候考驗的就是業務的真材實料了。客戶可能會說：

「我之前買其他家的音響都有點回音問題，你們的產品會不會這樣啊？」

「聽說在日本有一種最新的食品檢驗標準，你們的健康系列，能不能符合那種標準啊？」

「我如果買這個金融商品，若不幸兩年後，我有急用要提錢出來，辦得到嗎？」

這時候最能顯現一個業務員的厲害之處。

業務員，不是推銷員，而是一個專業顧問。在這裡就看得出來。

第五型：表現型客戶

表現型客戶或者可以說是「愛現型」客戶。

這種人一進門就會表現出他很懂的樣子，對於各種型號耳熟能詳，表示他才是專家，業務員算什麼。

聰明的業務員這時候絕不會出來和對方爭辯，那是最下下策。業務高手會順著這類型的客戶，邊稱讚客戶，邊引導客戶：

「像你這樣的高手，一定知道這款產品是上月才推出的，應用最新研發的技術。」

「能碰到你這樣的專業人士，真是我們公司的榮幸，說真的，我們很喜歡你們這種真正懂產品的客戶。」

要和這種人溝通，簡單的原則就是「讚美」、「讚美」、「再讚

美」！

不要指責他的錯誤，也不要否決他的想法，除非你不想要他的訂單。

銷售有理，反對無罪

有句話說：「客戶永遠是對的。」

但是這句話的潛台詞是：「就算客戶是錯的，你也會偷偷地把他帶到對的路上。」

在商場上，我們面對的客戶可能形形色色，前述我們介紹了幾種客戶的類型，這裡要分享幾個和客戶應對的基本原則：

不要和客戶爭辯

爭辯就是對立，爭辯就是放棄生意。

關於這點，前面我們也曾特別強調。

碰到客戶有問題，內心要感到開心

如果害怕客戶問問題，這樣的業務員缺乏自信心，多半是新人會有這樣的狀況，必須多多磨練。

要找出客戶真的問題核心

資深業務員和新手業務員的差距經常就在這裡。

許多新手業務員也是做事認真，以自信真誠的態度面對客戶，但是怎

麼就是無法成交呢？因為一旦搞錯焦點，永遠也不會成交。

當經驗夠豐富了，就知道客戶表面上問甲問題，實際上關心的是乙問題。為什麼會如此呢？有的可能因為面子問題，例如，東西太貴，但他不好意思說；有的可能是潛意識問題，客戶甚至自己也不知道自己內在的困擾原因。

到底「真相」是什麼？這些都需要業務員的適當誘導。

過程中要提出緩衝點

這一點非常的重要，很多業務員就是不懂得緩衝，所以無法成交。

那麼什麼時候需要緩衝？

1. 客戶指責商品的缺點，要緩衝。

2. 業務員要轉移焦點時，要緩衝。

3. 客戶採取迂迴戰術，沒有直指問題核心，業務員要懂得緩衝，慢慢把問題引導回來。

避免表示不同意

在業務話術上，關於應對反對意見有很重要的兩點：

1. 不要直接說「你錯了。」這是業務員的大忌。

2. 也不要說「你說得不錯，但是……」

這同樣帶來反效果，對客戶來說，你這樣說也一樣是反對他的意思。

我們要少用「但是」，改用「而且」。

　　例如，你可以說：「小姐，你說我們的產品價格比一般的其他品牌貴，你說得沒錯。『而且』我們也是這樣對外強調的，我們寧願多花成本，製造更優質的產品，而不以低價促銷來獲利。所以，小姐，你真是識貨的人啊！」

　　這樣說，客戶聽了是不是感覺心裡比較舒服。

　　還是你要說：「小姐，你說我們的產品比一般其他品牌貴，『但是』，你忽略了，我們就是產品比較優才比較貴啊！」

　　也許業務員說得有道理，但是當這位小姐聽到「但是」兩個字，心裡已經反感了，產品再怎麼好，她也不想買了。

絕對、絕對要事先做好功課

　　這可以說是基本功，但在應用上有個竅門。

　　當客戶問你問題，你卻回答不出來時，這固然是錯誤的示範。因為你會害公司失去一筆生意。

　　但是當客戶問你問題，你也不能立刻回答出來，除非是一般性的問題，那自然是實問實答，若是有一點難度的問題，其實你早就知道怎麼回答，但你卻要假裝成先想一下再回答，這樣可以給客戶一個印象：「原來你真的有認真在思考我的問題」，頓時，他就會對你產生好感。

　　相反地，你回答得太快，客戶就會心想「原來這就是業務制式的答案，照本宣科而已」，那他對業務員就會產生負面印象。

　　我曾經和一個客戶銷售精油，我看得出對方是一個對養生和生活品質很重視的婦女，我也有自信，我們的產品會符合她的需求。

　　但從一開始，我和她銷售卻一直碰到軟釘子，她本身是我們美容保養組織的會員，喜歡美容知識，但是不知為何一提到精油，就很排斥。

後來我使用一種緩衝的方式，暫時拋開客戶與業務的關係，我告訴她：「你不要買沒關係，我只是想以朋友立場和你聊聊，你為什麼好像對精油很排斥呢？」一問才知道，原來她不知從哪裡得到的錯誤印象，聽說精油會爆炸，特別是要點火的精油，她聽說有安全上的疑慮。

我一聽到問題的根源，就能夠抓住重點地和她說明，最後她也開始嘗試使用我賣的精油系列產品。

從這個例子可以看出，客戶不說真正的理由，有時候是為了不傷公司的心，她怕直說這東西會爆炸，對公司不禮貌。像這一類隱藏在內心的理由，要透過技巧的問答才能問得出來。

基本上，經驗還是很重要。所以本書一再強調「重複」的重要，每一個月拜訪一百個客戶的人，一定比每個月拜訪十個客戶的人更有成就。一方面是量大成交機率大的法則，一方面則是經驗累積法則。

通常碰到一個客戶，善於用「哇！你好棒」、「你真是專業」、「你真是獨特」這些話語，對百分之八十以上的客戶都可適用，只要用語不太誇張，都會收到讓對方內心高興的效果。

但有時碰到百分之二十的人，他聽到這些話反而會覺得業務員很虛偽。至於如何分辨這百分之二十的人呢？還是要靠經驗。

最後請記住，本書分享各種業務應對法則，並不是將客戶當成敵人。

而是因為客戶畢竟不如業務員專業，我們想要把好的商品介紹給對方，目的是為了對方好，在過程中要如何克服客戶不專業的部分，這就是我們分享業務員應對方式的原因。

練習見招拆招

　　針對你所屬的產業，請和好同事或好朋友兩人一起練習，請對方扮演客戶，並演出不同程度的拒絕，請他提出二十種拒絕你的理由，請你參考本篇傳授的方法，試著說服對方。

　　反對的理由包括：

Q 沒錢

....

....

....

Q 沒興趣

....

....

....

Q 價格太貴

....

....

....

Q 不需要

....

....

....

Q 考慮看看

Q 跟同行比較

（你可以提出更多，依個別產業不同狀況做模擬。）

黯然銷魂掌

讓客戶化被動為主動的三大法則

「問世間情是何物，直叫生死相許」，愛情到一個地步，竟然可以創造出一門武功，這就是《神鵰俠侶》一書中楊過大俠的絕世神功。楊過苦候小龍女的十六年後的絕情谷相會之約，思念之情深切，整個人也變得形銷骨立。在此決絕的心境中，他悟出了一個超級武功。其特色不在招數變化取勝、而以內功和威力破敵，並故意與武學通理相反的掌法。

江淹《別賦》：「黯然銷魂者，唯別而已矣」。這武功的名字淒美好聽，但和銷售有何關係呢？有的，非常有關係。深諳此功夫的超級業務員一定懂得，對於客戶，攻心為上，要做到不對他們銷售，擺出準備黯然離去之姿，但反倒客戶自己會追過來的境界。

全世界所有的頂尖業務員都知道的一件事是：「最優秀的業務員，是讓客戶自己推銷給自己」。

最高境界是，明明是我們說服他們購買的，但卻讓客戶有個印象——是「他自己」想要買的。一切的聰明、優秀決策、正確判斷，悉歸客戶。業務員只是扮演提供的角色，也就是「是客戶有需要，『主動』來找我買的，我可沒有強迫推銷喔！」

要做到這種最高段的攻心境界，必須熟悉「黯然銷魂三大法」：

黯然消魂第一法：既期待，又怕受傷害

客戶經常透過不同的管道，例如，看過電視廣告了，或者他們聽到你的業務團隊詳細的產品介紹了。他的內心已經有百分之七、八十的意願想購買了，但是終究開不了口，因為：

「我表現出我想買的樣子，那對方不就會趁機哄抬價格嗎？」

「我的想法是對的嗎？我是不是意志太不堅定了，輕易地就被說服，那我算什麼？一點矜持都沒有。」

「既然我要買了，就要多撈點好處。我還是暫時按兵不動，看有更多的好康再出手吧！」

這些聲音絕對不會從客戶的口中說出來，但是聰明的業務員絕對要能「聽見」這些內心的聲音。然後，針對這些聲音，不要用說服的，因為此時再怎麼說服都沒有用，而要使用「想法」，讓客戶自己說服自己。

「這是果粉專屬的配備，一般人聽都聽不懂，只有像你們這樣真正的高手，才懂這些配備的好處。新產品預計下個月推出，到時候我再傳訊息給你。」

到了下個月初，業務員也不需急著打電話和顧客說，你忙個兩三天做其他事情，到了第五天，客戶自己就會按捺不住來電了。

「聽說這個月有最新的蘋果手機配備上市，DM已經出來了嗎？」

「哇！你真是內行，這是只有專家才知道的。但是老實說，這產品我們店裡只進貨三組，我不確定還有沒有，我查查看。啊！只剩兩組了。」

「幫我保留一組，等我，我現在就過去拿。」

另一個場景。在一個護膚中心，業務員正陪著貴婦做SPA。

此時一個美麗的婦人經過，特別停下來和業務員聊天：

「謝謝你上次推薦我的那組產品，真的太棒了，我覺得參加聚會時，

朋友都說我年輕了十歲了。真的超好用，真心謝謝你推薦。」

「沒有啦！是你天生麗質，才能讓產品發揮最大效用。」

接著業務員又回頭和她身旁貴婦聊天，完全都不提剛剛的事。

正在按摩的貴婦按捺不住內心的好奇，問道：

「剛剛那位小姐講的產品是什麼啊？」

「喔！那位小姐用的是我們公司的另一組頂級保養品。不過說實在的，有比較貴一點，所以我沒推薦你用。你現在就很好看了。」

業務員說到這又不說了，改提其他事情。貴婦被弄得心癢難耐，忍不住又問：

「什麼太貴了，你認為我出不起錢嗎？你跟我介紹一下那個產品嘛！」

於是業務「勉為其難」地拿出產品說明書和她介紹那組產品，但似乎只是盡點義務介紹產品而已，並沒有想要對貴婦推銷。結果反倒貴婦一直追問，最後還買了兩組，因為她要比剛剛那個小姐多買一組。

這種銷售法又叫做「灑種法」。透過在客戶心中撒下一個念頭，當你種下一個「期待感」後，絕不要去催促，否則會變成「揠苗助長」。只要種子灑得對，客戶自己會逐步說服自己「她一定要買這東西」。即便你不在她身邊，她自己在家夜裡睡覺時，腦中的那個業務員會持續地幫你達成銷售使命。

當種子發芽時，你只要等著接電話就好。

期待法則加強版

▶ 誰最會灑「期待」的種子？許多國際級企業都懂得灑的巧妙。許多國際級企業都有聘請專業的消費心理分析大師，為他們規劃如何「創造期待」。而一個創造期待感已經成精的企業，就是「麥當勞」，他們知道雖然掏錢包的是爸媽，但讓爸媽掏錢包的通常是小朋友。

　　於是對小朋友們，灑下許多的期待感：

　　「麥當勞叔叔這一季幫你們準備什麼了呢？是可愛的Hello Kitty組喔！只送不賣！」

　　其結果是：小朋友主動拉著媽媽，要去麥當勞買兒童餐，換可愛的Hello Kitty。

　　「我們有五種款式，什麼？你只有三種，那還差兩種喔！加油吧！你如果換不到，我們也愛莫能助。」（當然，以上是潛台詞，廣告沒明說，但用暗示的方法讓小朋友瞭解。）

　　其結果是：「媽媽，媽媽，我要去麥當勞啦！我要那個穿公主裝的Hello Kitty，嗚……」

▶ 其他像是「預先放消息」、「換季大拍賣」、「新品上市」，或者在網路營造消息，「偷偷地」傳遞有種商品很好用，甚至在某些場合，在不失禮的前提下，銷售員故意擺出愛理不理的方式（表現出覺得你買不起），都反而會刺激客戶，使客戶主動說要購買。

黯然消魂第二法：送你一個驚喜

顧客總是貪小便宜的，不一定是菜市場買菜的那種：買一把白菜，多要一根蔥的心態，但人人總是希望可以「物超所值」。

有時候我們給的越多，客戶反而不知足，下一次消費，他們只會要更多。例如，以下案例：

客戶甲來購買一個MP3產品，業務員拿出整套的配備，包含主機、耳機、機殼套、清潔組、以及一片音樂光碟。

客戶甲看了看，說：「好棒啊！」然後會批評一下「這個耳機看起來不怎樣，那個光碟的歌不是我要的。」

下一次客戶甲又來買東西，這次的產品沒包含那麼多東西，客戶甲立刻不高興地說：「上次跟你買MP3，有送耳機，機殼套，這回怎麼沒有。是想坑我嗎？」

現在假定換另一種情境，同樣的一組MP3產品。

業務員的銷售方式是：先拿出MP3主機，請客戶甲試聽。看到對方滿意了，業務員對甲說：「老實說，我看你很投緣，知道你是行家，我最喜歡你這種客人了。來，我再多送你一些配備。」

於是拿出耳機以及機殼套，說：

「這個外面賣也要好幾百元，但我現在就送你，希望你喜歡。」

客戶甲這時已經笑得合不攏嘴，覺得自己「賺到了」。

此時業務員趁勝追擊：「還有啊！這裡有一片光碟，是我私下送你的，希望你喜歡。」

已經飄飄欲仙的甲，直說：「感謝、感謝。」覺得自己被視為貴賓，心中很開心。

下次，甲會不會再來消費享受「貴賓」的感覺，當然會。

同樣銷售一種東西，只要適當營造心理情境，就可以創造一個長期的客戶。

獨門心法

驚喜法則加強版

▶ 人人都希望自己是貴賓，不一定是要能掏出白金卡或是搭飛機可以進貴賓室的那一種，但還是希望自己買東西時是老大。聰明的業務員只要抓住這種心理，就可以和客戶建立長期關係。甚至有的業務，願意放長線釣大魚，即便這次生意不能賺那麼多，但他知道長期下來，他擁有這個客戶，每個月都會有生意。

「驚喜法則」的一個重點在於，人這種生物，消費物品不是全憑實用的，有時候心理感覺比買東西還重要。像是兩家餐廳賣的東西一樣，一家貴一點，但是他們讓客戶覺得自己是貴賓，另一家只是普普，那麼客戶就會寧願去貴一點的那家（當然也不能貴太多）。

可以讓客戶有驚喜的感覺，最常用的方法就是「贈品」。

一樣東西，其實本來就已經被列為基本成本了，但被刻意包裝成贈品，客戶就會有「賺到」的感覺。而要營造長期的好感，最好是打蛇隨棍上，當客戶確定要買一個東西時，此時突然加碼送他一個特別的禮物，客戶心知這東西是禮物，因為他本來就要買了，不用特別送東西給他，也因此他對這個贈禮特別感動。那種感動會深入他潛意識裡，將來他還會來這裡買東西。

這絕對是划算的投資學，當我們送他禮物，等於我們多花費一筆成本，但當這筆投資可以變成將來更多筆的交易，我們就知道，這筆投資實在非常划算。

167

黯然消魂第三法：不須知恩圖報，只要知道我對你好

人是有感情的動物。全世界也唯有對人可以用這種心理戰術。

雖然許多人喜歡貪小便宜，但更多人心中都有過去受教育所傳遞的社會價值觀，那就是要「知恩圖報」，原因在於今天你幫我，改天換我幫你，這是團體社會的一個潛在規則，人人都須遵守，若有人不願意這樣做，那麼萬一將來自己出事時，可能就沒有人願意幫他。

也因此，這社會有著「禮尚往來」的習慣。

今天我包紅包來參加你的喜宴，雖沒明說，但下次換我家有婚宴時，你也不能包得太少。當然也是有人厚著臉皮，就是想白拿人家，但這種人究竟是少數。

多數人的心理，我送你東西，你一定會過意不去。

因此很多業務員就善用這一招。

經常看到有客戶買保單，問他為何和這位業務員買，原因可能是：「我看他很努力，跑了那麼多趟，還義務幫我很多忙，提供我理財資料，不跟他買，我心裡『過意不去』。」

有句話說：「沒有功勞，也有苦勞。」特別是在同質性商品很多，客戶選哪一家品牌都差不多時，可以勝出的就是那個多付點苦勞的人。

這種情況人人都碰得到。

去百貨公司地下街逛時，有人提供「免費」試吃品給你，所謂「拿人手短，吃人嘴軟。」有些人基於「不好意思」的心理，就會捧場買個東西。當每十個試吃者，只要有一個願意買東西，那商家也就有利潤了。

或者，廠商提供你試用包，你都給人家用了，就意思意思買一下吧！時常，這「意思意思」成為你第一次消費該品牌，之後你便長期使用該品

牌。這個「意思意思」可就非常有意思了。

懂得運用這種心理因素，帶點半強迫性質的互惠法則，也是業務員黯然銷魂攻心為上的一個高招。

只是這樣的招式也要用得巧妙，如果擺明了，就是我送你東西，等著你要回饋我什麼，或者送東西送得心不甘情不願的，邊送東西，邊叨念著「這東西很貴的呢！」那就會帶來反效果。

獨門心法

互惠法則加強版

▶ 送東西討好對方，想換取對方回饋。這是一種互惠心理戰術。但若心機太重，還是不能帶來好結果。

我有許多業務朋友，他們把互惠法則用得很嫻熟，但也絕不會讓對方覺得他們沒誠意。其實，很簡單，當一個人成為你的客戶，你就真正用心去關懷他，不用刻意營造，但卻也會變成一種互惠效應。

例如，好的業務員總是準備一個本子，記下客戶的生日或者重要日子，當這個日子到了，可以送點小禮，或者若擔心人人都送，花費太大，也可以只打個電話祝賀。

如果有可能，例如，在過年過節時，送個小記事本或者小桌曆。這些送禮的效應，不一定讓客戶繼續消費（例如，保險客戶，他已經買你的保單了，也不太會再增加額度），但他們卻可以幫你介紹朋友，增加你的業績。

練習讓客戶化被動為主動

　　針對你所屬的產業，請嘗試將本篇傳授的方法運用出來。

　　例如，你是百貨批貨商，你如何讓客戶想主動和你聯絡？主動表達購買意願？或者你是金融理財業，如何透過本章分享的方法增進你的業績？

　　再請將你的成功或失敗過程記錄下來，分析為何成功？或為何不成功？

 你從事○○行業，如何透過本章方法增進業績？

Q 將你的成功或失敗過程記錄下來，分析為何成功或為何不成功？

化骨綿掌

吃軟不吃硬的成交法

在金庸小說裡，《鹿鼎記》是一部廣受好評，甚至被倪匡評為全書系最好看的一套書。這也是金庸書中，唯一一部男主角本身不太會武功，全書武功著力也比較少的一部。

但看過《鹿鼎記》的人一定記得書中有一個常常出現的武功叫做「化骨綿掌」，這個功夫最奇特的地方在於出招時看似柔弱無勁，並且悄無聲息，一旦中招，立時內臟碎裂，筋催骨毀。是個表面陰柔，實則狠毒的陰險功夫。

我們做事做人當然不能走陰險路線，業務員更要光明磊落。本章將借用化骨綿掌的特性來論述業務成交的一種技巧。那就是靠著軟實力，來得到實際成交的結果。

問問世上所有的頂尖業務高手，他們並不具備什麼特異功能，都和你我一樣是凡人，但是他們如何打造出輝煌的業績？有的人口才一流，有的人對產品投入十分熱誠，有的人對客戶服務展現令人難忘的印象。但不論何者，都有一個共通點，那就是「所有的成交，都一定是客戶自己同意的」，最後的決定一定都是由客戶親口說出，絕非是自己拿著刀子壓在客戶頸脖上叫他下的訂單。

萬變不離其宗，歸納所有成功業務作法的最終目的，就是要打動客戶的「心」，而所謂「心」，其實是指「腦」。

唯有打動客戶的心，也就是讓客戶的「腦」可以接受你，生意才能成

交。

這是個很基本的道理，但是為何很多業務人員不懂得將重心放在「對方能否接受」上，而是一味地將重點擺在「自己如何說服對方」這件事？

由於將重點擺錯了，許多業務員因此經常覺得自己的工作推展困難。就像一個成語「緣木求魚」，當重點不對，再怎麼努力都難有成。

其實只要懂得抓住對方的心，讓對方的「腦」接受你，那業務工作便可以事半功倍。

投其所好，才能打點得分

你一定曾經聽過這樣的問題：「送禮季節到了，要送什麼禮物最好呢？」一般人常犯的錯，是送「自己喜歡的禮物」給對方，並且心想，反正我是送禮，誠意到就好，就算送錯對方也不會計較。

理論上是這樣沒錯，但既然送了禮，當然也是希望禮物符合對方需要，而不是當你一走，他轉過頭就把禮物丟到櫃子的角落。

也會有人參考雜誌或網路上的送禮建議，上網查就會有很多聖誕節送禮票選前十大清單，以及各種星座的人最喜愛的禮物等等。

但其實，最佳的送禮方式應該是送「對方喜歡的禮物」。

由於親疏有別，除非是親如夫妻或兄弟姊妹，否則不見得知道對方喜歡什麼。也因此，若有一個人可以送禮送到你真正很喜歡，這代表那個人很瞭解你，不然就是對你很用心。不論何者，對你都是一種正面的推崇。

假定可以把這樣的原理用在業務員銷售東西給客戶的心境上，讓顧客覺得你真的「瞭解我的心」，那業務員將無往不利。

那麼要如何投其所好，抓住客戶的心呢？

最重要的一件事，就是瞭解客戶的價值觀。

世界上任何頂尖的業務員，一定都是善於判斷對方價值觀的人。有的是透過豐富生活經驗懂得察言觀色，據以推論出客戶的喜好，更多的則是透過適當的交談，讓客戶自己暢所欲言。

世人有百百種，價值觀也大異其趣。

業務員最常犯的錯，就是「自以為是」。曾聽過業務老鳥教導業務新人，會說：「我吃過的鹽，比你吃過的米多」，他們教育新人：「『依照經驗』客戶就是喜歡什麼，你跟他推銷這個準沒錯。」

但若以這種心態做事，也許老鳥單憑流利的口才，可以有一定的業績，但終究會遇到一個瓶頸。至於新人，若一味地依老鳥的傳授去做，不明所以，只是照本宣科推銷，那結果就會很慘。

我曾碰過各種客戶，以手機為例，買手機的選擇依據，有的是選擇價格，有的是選擇品牌，有的是看功能多寡，這些還算是基本的挑選類向。但更多的人是搭配多重價值觀，往往那些表面上價格便宜、功能齊全等等因素只是表象，真正讓他們下決定購買的因素，其實是更深層的價值觀。

例如，有人喜歡某款手機，是因為這手機讓他想到他的母親；有人喜歡某款手機，是因為他是某歌星最死忠的歌迷，該歌星就是用這款手機。

只要抓到重點，業務員不用口沫橫飛地說一大串，就可以成交。相反地，沒抓到重點，業務員是一味地宣傳這手機功能多棒，是最新的規格，畫素多少等等，客戶心裡只會三條線，覺得跟我說這些做什麼，他想要快點走人。

問題在於那些深層的價值觀客戶是不會主動告訴你的，只能靠業務員去挖掘出來。

我常告訴朋友，好的業務員如何說很重要，但是如何聽更重要。

當業務員說話時，不要一味地吹捧自己的產品有多好，產品對客戶有多好，其實客戶對這些事不會關心，他們真正關心的事是「對他自己有多

好」。

所以最好的業務員，說話只是一個引子，重點是引導對方去說。

其實每個人都有潛在的發表欲，只是不會輕易地對人傾吐，更何況是對陌生的業務員。但只要問對問題，對方就會一步一步的往下說。

好的業務員重視發話順序：

舉個例子來說，同樣是一段產品介紹詞，出現的順序不同，最後結果就完全不同。

業務員甲，遇到客戶A，他直接和客戶A介紹產品，他說：

「本產品符合最新的流行趨勢，安裝了網路社群介面，可以讓你和網友交誼更順利，其人性化的介面，讓操作更簡單，曾經用過的人，都說這玩意兒好酷！……」

另一個業務員乙，同樣遇到客戶A，他先和客戶A聊天，瞭解他的興趣喜好，再「回答」他的問題，說的是一模一樣的上面那段台詞。

最後客戶A會選擇跟誰買？一定是跟業務員乙買。

為什麼同樣的一段話，卻會出現不同的結果呢？

因為順序不對，結果就不對。

對客戶A來說，業務員乙說的話，是真正回應「客戶A的需求」。

至於業務員甲，只不過是在說「他自己的好」。

同樣一段話，影響力天差地遠，只因感知的焦點不同，

任何業務員只要可以做到，讓客戶覺得「是為他做決定」，就可以成功。

在和客戶聊天的過程，透過一層一層的發問，只要讓客戶自己開口說，業務工作就成功一半了。但也不要緊迫盯人，像在考試一樣，那對方反而產生警戒之心。

當客戶能卸下心防和你一直聊的時候，你不但可以做成這筆生意。並

且還因為從話中瞭解他的價值觀，可以做成長期生意。

　　最糟的一種業務員，就是擺明一副「你趕快下訂單吧！因為我需要業績，你下單，我這個月業績才會過關」，這種擺明只把客戶當成金主的態度，是最要不得的。

　　更常見的業務員是很認真地施展其三寸不爛之舌，不斷和客戶洗腦。如果銷售的商品金額單位只有幾百元到兩三千元，那這招可能有用。若是單價上萬元以上的商品或服務，那麼只靠一面倒的銷售是難以成功的。

　　最根本的成交術，還是將發話權交給客戶。

　　因為，只有他們說的才算數。

特例

▶ 要瞭解客戶價值觀，才能投其所好，提供最適合對方的建議。

前面說過，擺明要衝業績才推銷產品是最要不得的，但有一種特殊情況，是業務員刻意地和客戶說，他這個月的業績不好，需要這筆訂單，結果反而促進成交。

其實這個例子並沒有違反本章所說原則，原來，這個業務員已經和這個客戶聊過天，並且也知曉這個客戶的價值觀是「重友情」、「重誠信」、「愛助人」。所以當業務員以交朋友的心態和這個客戶聊天，並且擺出「我把你當朋友，而不只是客戶，因此我的祕密都告訴你，我這個月的業績有點慘，這筆生意對我很重要。」這一招，就立刻見效。

實際上，這個業務員也真的和這位客戶變成朋友，不是在說場面話。一個虛假的交友台詞，對方還是會感覺得到，唯有真誠才是成功關鍵。

關照需求，事半功倍

希臘神話故事裡，有一位英雄名為阿基里斯（Achilles），他有著超乎常人的神力和刀槍不入的身體，在特洛伊之戰（Trojan war）時，是令所有敵人生畏的戰神。這個似乎永遠無法打倒的英雄，最後因為被箭射中他全身上下唯一的弱點——腳後跟，於是英雄最終倒了下來。

對業務員來說，每個客戶各不相同，有的客戶本來就想買東西，比較

好成交，有的客戶卻打從一開始就抱著和你對立的態度，很難對他進行銷售。但是不論是哪一種人，絕對都有可以行銷切入的點，這件事「毫無例外」。

一般認知的業務技術，是「兵來將擋，水來土掩」。客戶每提出一個問題，我們就攻破這個問題。

好比如說，客戶說：「這商品太貴了。」你就跟他說：「好的東西，當然值得貴一點的價格，但以長遠來說，現在買貴點，但可以用得更久，其實更划算。」

或者是，客戶說：「我要回家和家人討論看看」，你就跟他說：「你是很重視家庭的人，我就欣賞你這種人。我支持你，同時我本身更想知道你本人的意願，若你想瞭解更多，我可以和你介紹。」

又或者是，客戶說：「這商品別家也有，功能更好」，你就跟他說：「你真的是很優秀的人，對市場行情非常瞭解。相信像你這麼專業也一定清楚，我們的產品比起別家來說更重視實用面的應用，去除掉一些花俏不實際的功能，讓成本低些更符合你的需求。」

基本上，這些都屬於「攻擊型」的業務法，實際上，這些方法也都一定用得上，我曾在上一本著作《成交，就是那麼簡單》裡提出相關的說明。

在此，我要介紹的「攻擊型」業務法雖然有用。但如同我在本章所說：「攻心為上」，若能站在客戶角度，藉由他們的心境變化，讓他們主動的想要下單，這樣不但可做成這筆生意，還可以建立長遠關係。

每個人都用價值觀做事情，如果我們用阿基里斯來比喻，那就算一個表示「就算死也不買」的人，他一定也有他的罩門。

在此，我們不用攻擊法的模式，把這罩門說成是他的弱點，而是要站在對方的角度想，這個罩門就是他有需求的地方。除非對方只是不問是非

的硬逞強，否則只要我們真正抓住對方需求，就像我們知道阿基里斯的弱點，一樣可以銷售出商品。

例如，我們的客戶就是阿基里斯，當我們銷售他任何武器、防身器具，他都笑笑地說他不需要。直到我們說出，那我們賣你一個專門可以保護腳後跟，保證連箭都穿不透的腳踝護具，你買不買？

我敢跟讀者打賭，阿基里斯一定立刻跟你買。

同理，

這世界上沒有不買單的客戶。只有不懂客戶需求的業務員。

我常告訴業務朋友，聽客戶說話，要聽得到他表面上的話以及他「沒有說出口的話」。

如同佛洛伊德（Sigmund Freud）所說，人有「自我」、「本我」、「超我」等存在的意識。有時候甚至連當事人都不曉得，他為什麼喜歡某件人事物，要層層分析，才能直抵問題核心。

當然，我們不是心理分析師，和客戶聊天也不能問太私密的問題。但是透過簡單的問句，還是可以瞭解客戶的喜好，在下一章我們會傳授和客戶溝通的方法，在此先分享基本概念。

就以交女朋友為例，雖說愛情是不可理喻的，但在愛情之前一定有一個「好感」階段。也許愛情無法分析，但如何「產生好感」卻一定有方法，這就跟業務推展的道理一樣。

我喜歡一個女孩，會先瞭解她喜歡什麼，透過簡單的聊天，你可能可以聽到「第一層說法」，她喜歡認真、踏實的人。但是其實多數的女孩子都會這樣說，那麼更深層來說，到底她真正喜歡什麼樣的人呢？

透過各種進一步談話，你就會發現，她喜歡踏實的人，因為她自己的

家庭關係，父親早年工作不穩定，讓她母親很辛苦，也讓她的童年比較不快樂。再進一步瞭解，她其實是喜歡一種安全感，一種不再擔心沒錢過日子的感覺。而這些感覺，她是不會對你說的，甚至，她自己本身也不一定知道，她潛在害怕的是什麼。

當一個男孩有意無意地在她面前展現了思慮周密，做事貼心的特質，可以時時關照她想法，讓她「不會擔心」。久而久之，她就一定對這男孩比較有好感。

同樣的招式，用在其他女孩身上就未必合用了。也許有的女孩會覺得這男生怎麼婆婆媽媽的，跟他相處一定很累，或者這男孩什麼都照顧到了，一定是個大男人主義者，跟他在一起將來不會自由。

同樣的作法，對於不同女孩就有不同影響。

業務工作也是這樣，你可以跟甲客戶說：「這商品非常划算」，對於他的經濟條件，非常適合。對乙客戶則說：「這商品符合他的社會地位，可以代表一種形象，也很有個性品味。」對丙客戶說：「這商品講究實用，對於商務人士來說，非常方便，可以成為他工作上的利器。」

做為成功的業務員，絕對不能只有兩把刷子。

因為，我們所面對到的客戶，其價值觀可以有成千上百種。

這是壞消息，也是好消息。

壞消息是，因為這就代表沒有一套能夠處處討好的共用模式。好消息則是萬變不離其宗，最終的關鍵只要從客戶身上挖掘就有答案。

業務銷售談到終極，我們賣的任何產品，總歸一句話，就是「賣價值觀」。

買賓士的人，買的可能是一種社會地位；買BMW的人，可能買的是安全；買手機的人，可能買的是同儕認同感，不希望自己落伍；買名牌包包的，可能買的是自我犒賞的滿足感。

對於客戶來說，除了有關「真正」要買的價值觀好處說明外，其餘業務說的話都是廢話。符合他的價值觀的，就算掏光錢包的錢他也願意，不符合價值觀的，業務員說破了嘴，他也一毛錢都不想掏。

　　就像「化骨綿掌」一樣，厲害的招式不需要擺動大動作、氣勢磅礡地發功，只需輕輕地對客戶一推，就可以將顧客的心整個融化。

　　只要改變思考態度，就可以對客戶產生很大的影響。

　　今天起，與客戶交談，試著將心態：

　　1. 從「要我賣你東西」，改成「我要幫助你生活更好」

　　2.「你不只是我的客戶，我也希望真心瞭解你成為你的朋友」

　　3. 從問「我想為你做什麼」，改成「有什麼是我可以幫你做的？」

　　4. 從「Q&A和客戶對立」的角度，變成「傾聽需求，站在客戶同一邊的夥伴」

　　一般人聽到業務員都有點退縮，但當找醫生時，又希望對方全心關注自己。因為前者是業務員，後者是顧問。

　　今天起，讓自己是客戶眼中的顧問，而不要只是賣東西的業務員。

關照需求法則加強版

▶ 關照需求，瞭解價值觀這樣的概念。不只適用在業務員對客戶，也適用於我們和身邊周遭人的關係。一個企業家或專業人士，一定要多累積人脈，才能讓自己事業更擴展，也就是說，多結交貴人，每個貴人也都是我們人生重要的客戶。

▶ 該如何多認識貴人，增加新客戶呢？請記得，碰到新朋友時，內心一定要想著一件事：「我能夠為他做什麼？」

▶ 相信我，付出反而收穫更多。

別人為何要跟你合作

請試著寫下：

Q 別人為何要和你合作的理由？

Q 列出幾個不同產業的朋友，寫下你可以為他做什麼？

Q 跟你合作，對他有什麼好處？

Q 列出別人為何要和你買產品（或服務）的五十個理由：

（如果連你自己都找不到很多理由，那客戶怎麼有理由跟你買商品呢？）

凌波微步

好的溝通讓業務員成交更輕鬆

《天龍八部》裡的段譽是個帶點喜感的人物，他出場時像個書呆子又像是個公子哥兒。後來他卻學成了三大奇妙武功，亦即「北冥神功」、「六脈神劍」以及「凌波微步」。

這「凌波微步」表面上是種輕功，其實還蘊含著六十四卦陣法以及內力催息的轉動。在展現出高效率的巧妙步法的同時，其實要有足夠的根基。

業務員要做好銷售，最重要的就是溝通，好的溝通讓事情有效率地完成，不必開馬拉松式效率不彰的會議，就可以獲得雙方都滿意的結果。在人人時間有限的現代社會，一個懂得溝通的業務員，受人歡迎。就像「凌波微步」，快速成交，令人讚嘆。

在上一招「化骨綿掌」談到了業務員銷售要從「心」著手，透過客戶的價值觀，讓他們主動對交易發生興趣。

所謂從「心」著手，就要透過適當的溝通。

對於任何人、任何狀況，不論是客戶有買賣的需求，或是朋友發生困難要幫助他，或者是家長和孩子們的互動，都可以善用兩個方向的溝通法。

所謂兩個方向溝通法，就是指「向上歸類法」以及「向下歸類法」。

向上歸類法；往上溝通法

在許多演講的場合裡，我們經常見到銷售大師或政治人物，或者著名學者，他們是如何讓全場觀眾立刻聚焦在自己身上的？他們的方法就是先營造出「共同感」。

例如：

政治人物會說：「我們都是為了這塊土地打拼，追求未來更幸福發展的人。」

宗教人物會說：「我們都是神的子民，瞭解祂為我們承受的罪。」

銷售大師會說：「我們都是一樣的，為了追求更好的收入，帶給家人更多幸福而努力。」

原本大家環境背景各異，你是你，他是他，各不相干。但成功的人士，他們可以藉由演講，藉由發表宣言，把你我他，把每個人融合成同一個個體。一變成個體，你就莫名其妙對他有認同感，有親切感。

這種溝通方法，就是典型的「向上歸類法」。

所謂的「向上歸類法」。

例如，說到蘋果，你可以說它是一種水果；再往上歸類，它是植物的果實，是植物的一部分；再往上歸類，它是大自然生物界的一環；再往上歸類，它是地球的一部分；再往上歸類，它是宇宙的一環。

牛頓不就是透過蘋果，找出「萬有引力」的理論。至今，人們想到蘋果，還是會想到牛頓，想到宇宙法則，這是在全世界共通的。

談到蘋果，也可以說它是蘋果電腦的象徵，它是電腦界的一個知名MARK，它是網際網路世界發展的一個重要符號，它是人類進步的里程碑，它是文明發展的希望。至今也是全世界共通的廠牌，蘋果公司的logo，代表了電腦科技，代表了手機科技，代表現今的各種科技。

同樣的，蘋果還可聯想到伊甸園以及人類的原罪，可以想到青少年的禁忌，以及各種欲說還羞的事。

每當往上歸類一層，就可以讓更多人認同你。透過這種方法，不論是做業務或者宣傳理念，或者和孩子溝通，都很有效。

當和一個陌生人初次見面，透過向上歸類可以快速拉近距離。這世界，任何兩個人一定能夠找到「關係」。

向上歸類時，可以多問為什麼？或者你覺得可以為你帶來什麼意義？透過這樣的問句都可以找到共識，俗話說：「要有共識，才能共處一室」

例如，有間公司因為員工工作很認真，業績超級好，於是老闆想帶大家出國放鬆，但是有些人說要去泰國玩、有些人說要去香港玩、有些人說要去韓國玩、每個人都七嘴八舌，就沒有辦法討論出來結果。

這時候就能運用「向上歸類法」，因為「向上歸類法」是尋求共識。

此時，經理出面了，說：「我們出國的目的，就是要讓大家身體舒壓放鬆一下，對嗎？」

所有人都說：「對！」

經理：「既然大家是要去放鬆一下，所以我們大家選的地點，只要可以讓大家真正放鬆就可以，所以我們直接去泰國好了」

所有人都認同。

要化解紛爭，肯定要「向上歸類」。

甲同事跟乙同事在吵架，經理當和事佬出來一定說一句話：

「大家不要吵了嘛！總而言之，你們都是為了這公司好嘛！對不對？」

相信這時候不會有任何一個同事說：「不對」。就算原本吵架不一定是為了公司好，這時也不得不悶著頭承認「自己是為了公司好。」

好了，那麼大家「目標一致」，也就沒什麼好吵的了。

在一個社交場合，兩個人之間一定或多或少會有同鄉、同校、同樣居住地、同黨、同樣地方當兵或任何的相似點。

就算是一個地點，也一定可以延伸出彼此的相同關係，他說他住台南，你可以說很巧，我就是在台南當兵的；他說他是台大畢業，你就可以說我的大恩師正是台大教授；他說他是客家人，你可以說我的女朋友、我最愛的人就是客家人。總之一定可以牽扯到關係。一旦牽上關係，彼此就「不再是陌生人」。

當要追一個女孩子，第一件要做的事一定也是「向上歸類」。

「你喜歡看這本書喔！為什麼？」、「因為喜歡這個作家」、「太巧了，我也喜歡這個作家耶！」

「你在聽誰的歌啊？」、「周杰倫，我超喜歡他的歌。」、「為什麼？」、「因為他的歌可以讓人放鬆。」、「我也是這樣覺得。」

這些話都好像是一道道門，通過這第一句話，才可以開啟下一個話題，開始聊這本書如何，或者我最喜歡周杰倫的哪首歌。一道門通往另一道門，兩個人越走越遠，就從陌生人變成朋友了。

成功的業務員一定也是善於「向上歸類」的高手。

因為人都是自私的，都是為己的，只是這個「己」範圍有多大。自己個人是「己」，我的家也是「己」，我們社區是「己」，我們國家也是「己」。

每個人的通性都對自己人會比較好，對「外人」就一定會打折扣。

業務員常犯的錯是將自己和客戶像畫一條線切成兩邊，業務員站在線的這邊，要說服站在線那邊的客戶買東西，結果這是場「拉鋸戰」，你拉他一把，對方又退一步，你拉他推，好不容易你把他拉過來，但兩方也都筋疲力盡。你會想這個錢好難賺，客戶則是想，他雖然買了但還是有點心不甘情不願。

　　成功的業務員則喜歡畫一個圓，這個圓本來是在客戶的頭上，業務設法把他的圓放大，讓「兩個人都站在同一個圓裡」。

　　其溝通法就是「向上歸類」。

　　「先生，你在看這款的手機喔！剛好，我個人也很喜歡這款手機，我們都是品味相同的人。」

　　「小姐，你的服飾配件是BurBerry系列，我的妻子也很喜歡這一系列，我一定可以跟你聊得來，你有什麼需求，跟我吩咐，我都可以理解。」

　　做業務員的第一步，絕不是拉客戶靠向自己，而是自己設法靠向客戶。

　　在伊斯蘭教故事裡不是有句名言嗎？「山不來就我，我就去就山」。

　　世界上最遠的距離是我和你面對面，卻無法瞭解對方的心事。相對的，世界上最短的距離，就是你我是「一國」的，心心相通就零距離。

　　都已經零距離了，那要銷售商品，也就變得容易了。

向下歸類法；往下溝通法

　　「向上溝通」可以拉近距離，可以讓彼此站在同一國。

　　但純粹「向上溝通」，只能理念相通，不能「解決問題」。

　　舉個例子來說，有個人車子壞掉了，這時他最關心的，是如何排解困難，而不是想瞭解車子的品味。

　　這時修車人員會問：「車子怎麼啦？」

　　客戶會描述車子拋錨動不了了。

　　維修人員會繼續問：「哪裡動不了？是什麼樣的情況？是熄火？還是引擎故障？」

許多問題，客戶也回答不出來，因為他們會開車，但不一定懂車的結構，此時維修人員會透過一個個問題，問出真正的關鍵，然後對症下藥。

一個好的業務員會先透過「向上歸類」，和客戶拉近距離。也會用「向上歸類」，和客戶達成共識。

所謂共識，包括了我們都是要找一支好的手機、都是要找一個好的電腦解決方案。接著，就一定要採用「向下歸類」法。

隨著不同商品的形式，有著不同層級的「向下歸類」。一個簡單的幾百元商品，可以只要問幾個問題就足夠，但如果是幾萬元、幾十萬元的商品或服務，那就要透過更多層的「向下歸類」，來找出符合客戶的需求。

簡單來講，就是一個問題引出另一個問題。

像剝洋蔥一樣，客戶的需求，不是面對面第一眼就可以判斷，透過一層層問，能問出客戶潛意識的需求。此時，針對他的需求提出商品訴求，往往就可以直達紅心，立刻讓客戶同意下單。

在心理學，若要分析一個人的狀況，要提出很多的問題。在銷售學上，我們不用那麼複雜，要讓沉默的客戶開口，只需問出「5W1H」就好。

太多的業務，只顧著自己說，不懂聽客戶說。別擔心問問題客戶會不耐煩，只要你的問題，是發自內心的關心，那麼人人都願意回答問題，並且可能說出來的比你想像的還要多。

所謂「5W1H」人人都知曉，就是「What」、「Why」、「When」、「Where」、「When」以及「How」，重點在於什麼問法，是真心關心想聽聽對方怎麼說？還是興師問罪般要對方從實招來。那感覺及效果就不一樣。

例如，客戶買手機，你會問客戶想要什麼款式？客戶可能回答一個大概，也可能回答說他也不知道，要到處看看。接著可以問Why，為什麼要

買這款或者為什麼想買手機。依照對方的問題，再持續細問，就會找出客戶真的想要的是什麼樣的手機。

以手機做例子比較好明白，畢竟一般人買手機大部分都是主動去店裡選購，差別只在買哪一款而已。

那麼再以較難的高單價商品為例，假設你要推薦一個價值五十萬元的理財套裝專案。

舉例來說，某理財公司，因為創辦股東之一和某家小企業老闆是同學，透過這層關係，理財公司想做成這個老闆的生意，派了一個口才最好的業務張先生去洽商。結果張先生去做了兩個小時的簡報，他眉飛色舞，手舞足蹈地做了精采的簡報，結果對方顯然沒什麼意願，甚至老闆因為前一天工作太累，聽簡報過程還稍微打了瞌睡。

張姓業務員回來就報告說，這家公司沒什麼指望了。

此時換林姓業務員，他說要去試一試，他以上次的報告還有點東西要補充為理由，又約了時間，這個企業老闆看在以前同學的面子，勉強同意會面，但只給了半小時的時間，表示自己當天還有其他會議要開。

就這樣林姓業務去拜訪這位老闆了。

他的第一步驟，就是「向上歸類」。

「王老闆，你的辦公室很雅緻啊！真是典型的儒商，我看這些字畫，都是宋朝的作品。敢問王老闆你也是書法協會的成員嗎？」（其實，這件事林姓業務已經事先調查過了，拜訪前做足功課）

「是啊！我是書法協會成員，林先生你也是嗎？」

「老實說，本人功力太差，還沒資格加入，但書法協會幾位老師張恩師李恩師等也算我的師父，我還在學習中」

一席話下來，雙方已經變成「同一掛」了，王老闆的態度也開始轉變。接著聊起理財，再繼續往上歸類，雙方都是「希望財富穩健中成長」

此時開始「向下歸類」。

「王老闆覺得怎樣的財富境界是你要的呢？」

「我希望能夠創造更有效率的金流，每月收入還要再多些。」

「敢問王老闆，你現在事業也算挺成功的，在業界頗有名氣，公司營運應該也很不錯，為何覺得金流還要加強呢？」

「林先生你有所不知，我年輕的時候因家庭環境不好，吃了不少苦，現在我事業有成了，我不希望孩子受到和我一樣的苦，我要它們受到更好的教育。到英國念書。栽培孩子不容易啊！我算過要栽培我那兩個寶貝兒子在英國念完大學，將來還要有點資本創業，我覺得現在的收入還有待加強啊！」

接著，就繼續問他有關孩子在哪裡念書，何時唸完中學，要申請英國學校，可能念的學校有哪幾間等等。

說到後來，其實變成主要是王老闆在說話，原本說好半小時，但王老闆說到興起，自己把後面的會議取消，他們談了超過兩個小時。

林姓業務只是專心聽就好，至於理財方案反倒沒講太多，只確認一個大方向後，細節另日再談。但是他也做成了這筆生意。

在業務或者生活中各種場合，只要抱持著「讓對方當家」的概念，往往可以得到很多收穫。

但是所謂讓對方當家，不是你不說話，聽對方說，對方就會說，往往變成雙方都不敢說話，那樣反而氣氛非常尷尬。

在此善用本篇談的「向上歸類」，以及「向下歸類」。一定能夠帶來很好的影響。

練功時間

練習「向上歸類法」及「向下歸類法」

針對你所屬的產業，請試著運用本章講述的方法。

Q 當面對你的客戶時，你如何運用「向上歸類」拉近彼此距離？請具體落實，並記錄下來你的成果。

Q 當面對成交時，你如何運用「向下歸類」達成交易？請具體落實，並
記錄下來你的成果。

九陰白骨爪

第七招

讓業務員成交的三大心理法則

在《射鵰英雄傳》裡，有一本人人聞之色變的經書，叫做《九陰真經》。在學過此本經書的高手之中，有一個人叫做梅超風。

她可以透過五指發勁，穿透岩石如穿腐土，那勁道甚至可以隔空傷人。這種無堅不摧的「穿透力」，想必是所有業務先生、小姐們最渴望的功夫。

因為這世界上最難的兩件事，一件是「把自己的觀念放到別人的腦袋裡」，一件是「把別人的錢放進自己口袋裡」。這兩件事都需要穿透客戶那硬梆梆的腦袋啊！

如何讓客戶買單，這是所有業務員最關心的事。

即便我們該做的都做了，產品夠好，我們也夠努力地介紹，只差沒有磕頭拜託了，但心堅如石的準買家可能對你的誠懇介紹，連「哼」一聲的回應都沒有。只是看一看，點個頭，然後轉身離去，留下心在淌血的你，繼續帶著受傷的心面對下一個客戶。

其實，顧客的心沒有那麼硬，也許你只需要再使一下勁，就可以穿透他們心防，促使他們做下交易的抉擇。

看看那些電視購物的大師們吧！他們連客戶的面都不用見，只須對著攝影機講話，然後民眾就紛紛來電「搶購」，晚打的，還買不到呢！

這些電視購物高手真的深諳「九陰白骨爪」，可以隔空催訂單，突破客戶心防就好像梅超風捏碎岩石一樣容易。

以下就為你分享成交的三大心理準則：

第一準則：稀有準則

有句話說，物以稀為貴。一個東西的價值，分成「絕對價值」和「相對價值」。

「絕對價值」不會變，一杯水，就是一個氧加兩個氫，人人熟知的 H_2O；一顆鑽石，就是碳元素組成的晶體。但「相對價值」讓一件東西，有了不同的價格。

一杯水在台灣的餐廳也許可以喝到飽，也不用付半毛錢，但在沙漠地區，一個旅者可能願意出一萬元跟你買水。如果這世界俯拾即是鑽石，那你想鑽石還會值錢嗎？

人的天性是東西越珍貴，就越想擁有，如果這個珍貴的東西又可以用一般的價格就取得，那就觸動了購買欲。也許這東西其實你根本用不著，但在心裡的天平上，稀有性已經壓過實用性，客戶會告訴自己，先搶先贏，拿到就賺到。

賺到什麼呢？當然是賺到「我有，你沒有」這件事。

說起來很誇張，人為何如此不理性呢？然而人性就是這樣子。

因此業務員要讓一件商品成交，若實務面已經交代清楚了，但客戶最後一道防線仍無法突破，此時請使出「九陰白骨爪」第一招，稀有準則。

君不見，購物頻道總是說：

「這件東西，限時！限量！限價！」

「只剩最後五件，晚來的就沒了喔！」

「目前是推廣期特惠價，公司賠售，每賣一件就賠一件。這樣的特惠價只到月底。下月調回正常價格，你就要多花許多錢才買得到喔！」

當然，不是所有產品都適用這招，例如，你拿著一瓶可口可樂，說這是限量的，那說服力就不夠。但如果這是周杰倫和蔡依林在上面簽名的限量瓶，那又另當別論。

基本上，如果一個商品是大眾化消費品，就不適合用限量這招，但可以用限時特惠這招，就算公司公定價格沒有所謂的優惠政策，業務員也可以拉著客戶的手到一旁悄悄說：「先生，我看你很識貨，也很有誠意，這樣吧！我用私人交情，員工價賣給你。」重點是「只有你可以享有喔！」

如果人家都把這麼「難得的」、「稀有的」機會分享給你，那麼就算心再堅定的人，也難免會動搖吧！

稀有法則加強版

▶ 稀有性的營造，不是光喊喊，這東西限量就足夠的。要輔以現場氣氛，讓客戶打心底覺得，「這東西再不買，就買不到了。」

　　再次舉電視購物為例，因為這些主持人的「九陰白骨爪」真的爐火純青。他們賣一個商品，不會只喊賣出一個了，而是會用倒數的方式，剩最後五個，剩最後四個，剩最後三個………喊得好像全世界只剩這三個。實際上倉庫裡還有滿滿的商品。

▶ 稀有性加上神祕性，也是一種業務法寶。意思是，這商品很稀有了，但，你還可以獲得稀有中的稀有，其方法就是，「我偷偷告訴你」，搞得神祕兮兮的，讓客戶有一種「共犯」的快感。原本跟業務員不認識，這下卻忽然變成彼此很熟似的。到這階段，客戶要不買自己都覺對不起自己了。

第二準則：一致性準則

人這種生物，真的是奇怪。

人人都愛擁有獨特性，若買一件名牌衣服，在路上和人撞衫了，就氣得半死，連飯都吃不下。但如果一件東西，別人都有，只有你沒有，又會心裡不甘心。既想跟別人不一樣，卻又很多地方想跟別人一樣。如果一個業務員不懂得客戶這種欲拒還迎的心理，就難以攻破客戶的心防。

在心理學上有一個專有名詞，叫做「從眾效應」。這種現象常常可以在各種表演或演講場合看到。在歌劇院看藝術表演，只要有個人拍手，其他人就跟著一起拍，特別越是難以看懂的表演，或者聽不太懂的古典音樂，不懂沒關係，反正有人拍手就跟個拍，準沒錯。

這是因為人是群體動物，害怕被排擠。這是種根深柢固的潛意識，源頭在遠古時代，一個人若是落單，脫離群體，那就等著在野外被猛獸攻擊。演化直到今天，人們內心還是害怕「落單」。

一致性準則，在許多場合都見得到。

聰明的業者喜歡營造一個大環境的氣氛，包括房仲業、直銷業，乃至於汽車賣場銷售。當有一組物件銷售出去時，惟恐天下不知，一定要大聲宣布。當一組站起來，另一組又宣布賣出了，這此起彼落的聲音，不是說給業務員聽的，而是說給在場的客戶聽的。

意思是：「怎麼樣？大家都知道這是好東西，都紛紛買了，你難道要『落單』嗎？」

包括電視購物裡喜歡不斷強調「本商品現在最熱門，大家都在搶購。」甚至路邊攤外面排了長長一條龍，也都是使用這招。

人家都在排隊買了，你也不要落人後喔！

一致準則加強版

▶ 從眾心理，有個很重要的觀念：

這世界上，誰最能說服自己，答案是，自己最能說服自己。

當一個人排隊排很久，終於吃到傳說中的牛肉麵了。他一定覺得很好吃，其實原本也沒那麼好吃，但因為他已經排過隊，「終於」吃到這碗麵了。此時這碗麵價值立刻提升百倍。他一定會說好吃，難道要說「自己很笨，排半小時隊」嗎？

同理，在一個場合，大家都鼓掌，你也鼓掌，邊鼓掌你自己的內心也告訴自己，這一段音樂真不錯。因為這樣你不只提升商品價值，更重要是抬高自己的價值。

第三準則：權威準則

這世上是人人都不服誰，但表面上人人又都很謙恭。

兩個家長見面，一定稱讚對方的孩子聰明伶俐，哪像自己家這孩子皮得要死。但內心裡想的卻是相反「你的孩子我看不怎樣嘛！還是我家小明親和有禮，未來發展不可限量。」

但人人雖都不服誰，但人人卻也願意服從權威。所謂權威，不是指命令式的權威，在現代民主社會這種權威會令人反感。但相反地，另一種權威卻會讓大家心悅臣服，那就是名人權威。

爸媽帶孩子出去買逛街，孩子跟大人說：「這東西很棒，買給我嘛！」爸媽都說：「聽話，乖，不要什麼都亂買。」但孩子接著說：「可

是老師有介紹這個，還說是馬雲推薦的喔！不買就落伍了。」此時爸媽心中開始遲疑了：「真的嗎？真的是馬雲說的嗎？」

為何是不是馬雲說的，這件事那麼重要？

這就是「名人效應」，名人效應表現主要有兩種形式：

第一：專業形式

「成功人士都穿○○品牌。專家學者都推薦○○商品」；

「根據科學實證研究，○○效用很好」；

「美國商業週刊報導，○○系統是未來的趨勢」；

……專家說的，你不服也得服。

第二：認同形式

「我是蔡依林，我喜歡這個牌子，相信你也喜歡。」

潛台詞是：「你不是說是我粉絲嗎？我推薦的東西你不捧場，那算什麼粉絲？」或者暗示：

「你覺得我美麗嗎？我都是使用這個品牌的東西喔！我沒直說是因為這東西我才美麗。但總之，我就是用這個牌子。」

另一種含意：

「我知道你愛我，支持我，你我雖然不能見面，但如果我們都使用同樣的商品，那是不是不論我們處在世界的哪個角落，都有一個共通的特點了呢？」

在業務推廣學上，「權威效應」具有很大的威力。

當一個客戶，對你的產品有百分之八十的肯定了，但很可惜，通常就

只差那百分之二十,最後他還是不下單。

在此危急關頭,請趕快使出「九陰白骨爪這第三招」:

「其實,我知道你很喜歡這產品,跟你報告,周杰倫也是用這款耶!果然你跟他一樣是有才華型的人。」

這一招一使出來,客戶心立刻動搖了。

「周杰倫耶!我若買了,我就和他一樣酷!」

原本客戶的內心天平本就在搖晃遲疑中,這麼推一把,他終於決定掏出信用卡買單了。

權威準則加強版

▶ 「權威效應」在很多地方都看得到，諸如商品會找名人代言，或者廣告引用各種實驗數據都是。這些都是明顯的例子，但在生活中很多時候，其實廠商也是應用

「權威效應」在推廣商品，只是你不一定看得出來。舉個最常見的例子，為何業務員出去拜訪客戶要穿的西裝筆挺，一方面為了社會禮儀，更重要的其實是為了穿出權威性。當和客戶見面時，經常視買方層級大小，一開始先派專員出馬，之後是中階主管。當交易只差臨門一腳時，老闆親自出馬，當老闆都出馬了，「我還能不給面子嗎？」這就是權威性。

▶ 「名人效應」非常有用。這名人不一定是要人人耳熟能詳的明星或政治人物。其實只要搭配制服，就會有一定影響力。眾所周知，醫師、律師在社會上地位不同，在一個銷售場合裡，如果連醫生、律師都踴躍購買，那這東西就具有一定說服力。

此外，警察、大學教授、名作家等，光他們的職業也具有「權威效應」。許多企業家老闆，就算離開學校再久，也要設法再去考個EMBA，當他不只是某某老闆，也是某某碩博士時，賣商品的影響力會提高兩倍以上。另一個增加自己權威的方法，就是出書，現代人不愛看書，但肯定很尊重作者，當聽到你是曾出過書的「名人」，霎時，你賣的商品也就水漲船高。

我跟名人買東西呢！客戶連作夢都會微笑。

練功時間

練習成交三大心理法則

針對你所屬的產業，請試著運用本章講述的方法。

Q **當面對你的客戶時，你如何應用稀有準則達成交易？請具體落實，並記錄下來你的成果。**

....

....

....

....

....

....

....

....

Q **當面對你的客戶時，你如何應用一致性準則達成交易？請具體落實，並記錄下來你的成果。**

....

....

....

....

....

Q 當面對你的客戶時，你如何應用權威性準則達成交易？請具體落實，並記錄下來你的成果。

龍爪擒拿手

黏住客戶，業績擒拿到手

有許多武功招式，非武俠小說迷可能不一定記得住。但有一個招式是人人耳熟能詳的，這就是「擒拿手」。因為這不只是小說家創造的功夫，現實世界裡也有這方面的防身術。在武俠小說裡，搭配不同的武功派別，也會有不同的擒拿手功夫。

「擒拿手」可說是學武的基本招式，但發揮到極致也是上乘的武功。例如「龍爪擒拿手」，是丐幫的一門絕技，一旦對手被沾上身，被「擒拿手」一搭上，立刻就被困住，難以脫身。

業務高手們在面對不同的客戶對象時，若能善用業務擒拿手，也就可以讓業績手到擒來。

不同的產業，有不同的業務性質。

像我知道，直銷產業的商品銷售方法就和汽車業的銷售方法，有著根本上的不同。

但是業務員面對客戶的拒絕時，有很多方法是共通的。

甚至在不同的領域，包含男孩子追女孩子、員工說服老闆加薪，甚至公務人員說服民眾接受一個政策，經常也會用到這些業務擒拿法。

各大業務招式介紹

第一種方法：以彼之矛，攻彼之盾

在業務場上，拒絕的理由有千百種，但傳統的業務高手最常分享的就是這招。

其基本原理很簡單，不論客戶說什麼，都用這一招應對。基本公式就是把客戶反對的理由，變成我們要他購買的理由，如下所示：

舉例1

客戶：「你們的產品太貴了。」

業務：「對啊！我們的產品貴。就是因為我們把自己定位為健康產業的勞斯萊斯，我們的產品正符合你的身分。」

舉例2

客戶：「我平常不太用得到。」

業務：「對啊！你平常不太用得到，這就代表，過去你一直沒有找到對的產品。現在你使用我們產品，我保證你愛上他，然後會養成天天使用的習慣。」

舉例3

客戶：「我沒有時間參加。」

業務：「對啊！就是知道你很重視時間，所以我們推出的這堂課可以幫你有效率應用時間，更快賺到錢。」

舉例4

客戶：「我不能作主，我要回家和妻子討論。」

業務：「對啊！我就是看出你是這麼愛家的人，所以極力和你介紹這產品。相信你妻子一定也會支持你的。」

舉例5

客戶：「我覺得別家的產品好像更好。」

業務：「對啊！這產品已被證明對人體很好，所以現在競爭者眾，更證明這是值得買的商品。我知道A廠商很好，他們有特色，B廠商也不錯，他們重視設計感。今天有機會我們交流，我介紹你認識我們家產品，你就知道，我們的其實更好。」

寫到這裡，相信任何一位讀者都可以瞭解這套公式。

我常讓我的學員互相扮演客戶與業務員，提出的問題越古怪刁鑽越好，結果，不論怎麼問，用這套公式一定可以找到應答的方法。

甚至有學員把這招用在追女孩子上。

女孩：「我覺得我們個性不合，不適合交往。」

男孩：「對啊！就是因為個性不合，所以我們相處更有火花。你看，我們之前外出逛街，不是因此更添樂趣嗎？相信我，我們的個性可以在不破壞自己本性下，磨合的更好，終會變成最佳一對的。」

真是百試不爽，見招可拆招的高招啊！

第二種方法：預先框示法

由客戶主動出擊，也許我們可以應對，但畢竟我們和客戶不是對立的。也許客戶覺得我們回答得很好，但這不是口才競賽，究竟要如何才能

說服客戶呢？

　　有一種方法是化被動為主動，由自己設計問題，讓客戶進入到這問題框框中，到時候要應對就比較容易。

　　好比如說，有一次在我的理財課上，課程即將結束時，我問了大家一個問題「如果五月二十八至三十號這三天，我們舉辦免費課程，有興趣來的朋友請舉手。」

　　很多人舉手了。

　　這時請注意，我提到的這三天，這些朋友都舉手了，那代表著一件事，那就是這些朋友「那三天都有空」。因此，之後我如果要在那三天辦收費的活動，這些朋友就不能再以「我沒空」當藉口。

　　同樣的原理。一個業務員會事先演練，客戶可能會提出什麼樣的問題，然後事先想好因應策略。

　　最常見的是和錢相關的，包括「總金額太高，那可不可以分期付款呢？」、「不是想買全部商品，可不可以先買部分呢？」

　　在和客戶對話時，我會先確認他們的問題，當對方反應和錢相關的時候，我就會問：「是不是只要解決了錢的問題，其他就好談了呢？」

　　通常這時候客戶就會專注在錢的問題，我就把之前想的各類問題包含分期付款等方案提出來，客戶若想再找其他理由拒絕，因為剛剛已經把問題限定在錢這件事上了，他也不方便再改口，通常就可以成交。

三F法則

　　這也是一種可以套用的公式，所謂「3F」，就是指「FEEL」、「FELT」、「FOUND」。

　　「FEEL」是指「現在」的感受。

「FELT」是指「之前」的感受。

「FOUND」是一個結論，是指「後來」我發現。

將這三個句子套用在業務話術上，這是一種「先和客戶站在同一邊」，再來引導他朝你要的方向走的招式。

舉例：「客戶抱怨我們的服務模式和一般廠商不同。」

業務員：「李先生，我瞭解你『現在』的感受。事實上，『之前』我自己剛加入這裡時，也覺得為何要採取這種第三方寄送方式，『後來』我才明白公司制度的深意，透過這種方式比較客觀公正，其實交件也比較迅速。」

用「3F」法則的優點，是透過簡單的談話，讓客戶和你很快變成「同一國」的，因此你後面說的話他比較聽得進去，彷彿你代表他，經歷一個新的情境，你透過「現在」、「過去」、「未來」三階段和他分析，客戶比較聽得進去。

這套公式同樣可以使用在各種情況。

客戶表示這產品他覺得比較貴。

業務員：「我知道你現在的感受，其實我之前有很多客戶也是這樣反應。但是後來屢試不爽，這些客戶都對這產品讚賞有加，並且紛紛地跟我說，這產品幫她解決很多問題，雖然價格貴一些，但長期來看，因為效率好，所節省的成本其實更多。」

甚至我們和朋友來往，例如，男孩聽一個女孩講述她的困擾，如果善用這一招：「我瞭解妳的心情，因為之前我也曾經歷過，後來讓我悟到了怎樣才能讓心情更舒緩的方法，讓我和妳分享好嗎？」

採用這種方法，絕對會讓聽的一方感覺很受用，是一種打動人心的說服術。

讀者不妨也來試試看。

重新加框法

「重新加框法」或者稱為「換框法」。

任何一件事一定有很多面向，我們若一味的跟著客戶的反應，很容易就被客戶牽著鼻子走。

一個好的業務員要懂得將客戶的話重新詮釋，以對方可以接受的新角度重新切入，主導一場好的交易。

「換框法」有兩種模式：

狀況換框法

同一件事換另一個角度來看，缺點會變優點。

例如，有人說：「我總是言行太大剌剌的，粗線條的，惹人厭。」

你們要回答：「我倒覺得跟你這種人一起一定很開心，是最佳的唱歌玩伴。而且你講話非常坦率，跟你講話不用耍心機，可以相處很自然。」

客戶：「我覺得我是個機器白癡，這麼高檔的車可能不適合我。」

業務員：「我倒覺得你是個很重感情、很貼近大自然的感性人物，不會像那些機器狂那般硬梆梆的不知變通，說真的，這款車其實設計符合人性，正適合妳這樣子種感性的人。」

「狀況換框法」的重點在於不是否定原本的事，也不去刻意改變對方原本的狀況。而是將他的狀況套上另一個框框。

當框框變了，情境就變了。也許因此就成交了。

內容換框法

「狀況換框法」是改變原本事務的適用狀態。

「內容換框法」則是改變這件事賦予新的定義。

例如，有人說：「我從小就被管得很嚴，所以我經常對自己沒自信。」

你可以說：「我覺得就是因為你被管得嚴，所以你從小就擁有滿滿的愛，家人怕妳受傷害，所以對你管得嚴。」

客戶說：「預算不夠」。

業務員：「如果我們重新定義成本。不要以現在買價來定義，而以長遠整體花費來定義，如果長期成本降低，是不是符合你的需求？」

當客戶提出了問題，我們用「換框法」，就可以用問題回答問題。

像前面所說，客戶有預算的問題，那我們就重新定義預算問題，並且要問客戶，是否這個問題解決了，你就不再有問題了。

如果客戶還是有問題，那就代表其實這不是他真正的問題，我們還要深入追蹤他的其他問題。

所以透過「換框法」也是一個可以找出客戶真正問題的好方法。

簡單來說，「換框法」就是引導客戶重新思考一件事，達到更好的想法。並且讓客戶因此想到，原來我過去是被另一個框框所框住，也許試試新產品新方法會更好。

善用「為什麼」

前面我們透過「換框法」，最後讓客戶回答問題。

客戶能不能回答問題對業務員很重要，因為成交與否的關鍵，就在客戶的回答裡。

就好像醫生看病，要知道病因才能對症下藥。但許多時候，感覺要由病患自己說出口，告訴醫生他哪裡痛、哪裡感覺悶悶的，許多症狀，光靠儀器不一定抓得準的。也好像打仗的時候，敵暗我明，我們空有一個師的

兵力，但不知道往哪開火，然而，一旦敵軍發炮了，師長一定大喜，因為找得到攻擊的目標了。

而客戶沒反應，就是最糟的反應。

客戶說不需要，不一定真不需要，其背後的意義其實就是不信任。他們心裡在想「真的嗎？是那樣嗎？一切都是行銷用語吧？」

他們可能認為東西聽你說得很好，但要怎麼證明呢？

只是這一切話語都只在客戶心底。

唯有當你適當的導引，這些話才會出口。一當話說出口，我們就可以對症下藥，就可以把火力瞄準正確的地方。

「感恩你剛剛提出的問題，接下來，就讓我針對你的問題詳細回答你」

「這是你心中的困惑嗎？如果我有辦法證明我們的產品可以做到，是不是就可以讓你購買起來比較安心呢？」

還有盡量讓客戶自己來回答，業務員則用話引導：

「如果……是不是就……？」

在和客戶應對的時候，要經常問到「為什麼」。

不要擔心客戶反感，一般人會討厭被追查隱私，被強迫做報告。但如果不是這類有關侵權的問題，其實一般人心中還是有一定發表欲的。因為這世界上除了大人物外，一般人很難成為焦點。唯有在消費的時候，客戶成了被關注的核心，內心裡他們很願意發表意見的。

於是業務員可以適時地問：「為什麼？」

只要用真誠的語氣和對方詢問，甚至可以表示，不論買不買都沒關係，只是想瞭解客戶的看法，並強調因為他的意見對我們來說很重要。

業務員：「可以告訴我，為何你們公司不想要採購這套業務銷售書籍嗎？」

客戶：「老實說，我們業務人員都沒上過你們的課，這樣買書有用嗎？」

業務員：「原來是這個原因啊！其實後續有準備很多免費課程讓你們體驗喔！」

業務員：「我很好奇，到底你為什麼排斥加入我們的直銷團隊？」

客戶一開始說幾個理由，但業務直覺這些都不是真正理由，什麼沒興趣、性質不合，口才不好等等。

最後客戶打開心防，才知道他真正不想加入的原因是他哥哥曾加入過其他直銷，有過負面經驗。

於是業務員就可以從此切入，告訴他兩者的性質不同，我們的直銷不是從前那種老鼠會式拉人頭的直銷。

經過問「為什麼」以及「客戶的回饋」來化解他的內心疑慮，成交就比較容易。

神奇問句法

前面聊過「問句法」，問「為什麼」來找答案。但有時候業務員怎麼問，客戶還是不回應。業務員感到沒轍了，覺得已經無可施，該說的都說了，對方一直不買單。

其實談話就是一種關係的建立，有沒有發現，當雙方交談，後來即便沒成交，也建立了一種熟悉感。

這也是一種「業務紅利」，一個勤勞的業務員，也許一次被拒絕兩次被拒絕，一百次被拒絕，沒有關係，沒有成交，但一定也有紅利。也許某個客戶，看到你就說：「怎麼又是你，你還不放棄啊！」有沒有發現，他講話的語氣很少會是嫌惡的，反而帶點親切，甚至還對你有一點點敬佩。

這就是所謂的「見面三分情」。一個被拒絕一次就躲在家療傷的業務員，是無法體會到這種「業務紅利」的滋味。

當我們和一個客戶銷售，已經盡心盡力，對方仍不買單。

此時因為交談，雙方其實也有一點「交情」了。

反正對方擺明不買就是不買，業務員此時就可以利用這點交情，問道：

「好吧！我不說服你買了，現在純粹是我個人的好奇。你為什麼對我們公司的產品硬是不買呢？」

當碰到這種情況，客戶往往會卸下心防，因為他不用再針對你的業務攻勢採取任何拒買守勢了，此時往往可以說出真正不買的理由。

也許理由只是心情不好，也許牽涉到家族的禁忌，或者有些非產品關係的心裡面因素，如此，業務員知道原因，也比較可以釋懷。

以下這些問句很重要：

第一句：「我知道你今天不會購買，那請問要怎樣你今天才會購買呢？」

第二句：「你要我如何做？你今天才會購買呢？」

第三句最重要，前面也曾提過的，就是：「如果排除掉這些問題，你是不是就願意買呢？」

還有一句問句也很重要：「我要怎樣做才能讓你滿意呢？」

沒人擋得住這句話。

當然，以上問句都是作為殺手級問句，是最後才用的，絕不能一開始就用這招。

業務員還是要做點功課，當面對一個新客戶時，努力的交流，透過前面教過的各種行銷術把產品推薦給客戶。直到一再碰釘子，最後再來用神奇問句。

練功時間

實際展現你的說服術

前面我們分享了三種業務說服的話術。現在讓我們試著練習看看：

Q 先以自己的產業做嘗試，列出你的產業名稱：

....

Q 針對你的產業，請用心想想你最常遇到的十個問題：

....

....

....

....

....

....

....

....

....

Q 在列出問題後，現在試著分別用以下方式來處理這些問題。

a.以彼之矛攻彼之盾法

....

....

....

....

....

b.預設框框法

c.三F法

（如果任何讀者發現，你遇到的問題若無法用這三種分法來處理，也
歡迎來信和我們分享。）

降龍十八掌

展現業務功夫，成交才是王道

談起「降龍十八掌」，可說是婦孺皆知，真正名震天下的頂級功夫啊！連小學生在下課時間玩鬧，都會說：「看我的降龍十八掌」。至於是哪十八掌，恐怕只有小說家本人背得起來，一般人只知道武功名字酷，並沒有真的去瞭解這些精妙招式。

所謂龍也者，世間並不真的存在這種動物，但人人都曉得龍代表神獸。如果連龍都降得了，那就是第一高招了。

在業務戰場上，有人花拳繡腿，有人招式凌厲，有人招式緩中帶勁，各式各樣不一而足。但講到最後，還是要做到一件事：那就是成交，沒有成交，前面使用各種招式都是白搭。

業務員們不管來自各門各派，最後決勝負的王道，就是成交術。

做業務員很辛苦，為什麼辛苦？絕不只是因為過程辛苦，更因為結果不容易。任何事通常有過程就有一定的報酬。例如，在工地挑磚塊，挑一天有一天工錢，挑一小時也有一小時的工資，所謂「做一天和尚，敲一天鐘」，上班族們打卡提供時間，換取老闆依勞資合約發給的薪資，就連小孩打工去撿破銅爛鐵，也是撿多少就可以賣多少錢。

但業務員不是如此。

業務員比較像運動員，努力不代表勝利。有太多的情況，甚至是都已經九局下我隊領先了，最後還是被逆轉勝，不論前面幾局得幾分，結局就只有一個，輸就是輸，結果才是王道，談過程多麼辛苦，都已經沒有意

義。

二○一五年有一家知名的保險公司，他們的企業形象廣告請了知名的五月天代言，廣告中就有一個場景，業務員女主角問男業務員：「成交的感覺是什麼？」男業務員問女主角：「妳打過棒球嗎？妳瞧瞧我示範，現在一顆球過來，我大力揮棒，球飛得好遠好遠，天啊！是全壘打！」男業務員興奮地在充當虛擬球場的陽台上繞場一圈，大聲歡呼。

跑回本壘得一分了，真爽啊！

這，就是成交的感覺。

你是那8%的菁英嗎？

業務員是一個最高尚的行業，所有願意追求成功的人，或多或少都願意把自己當成是一個業務員。

因為業務員，非常具備挑戰性，挑戰越高，成就感也越高。

而業務員最大的挑戰，就是前面所說的「成交決定一切。」

過程再精彩，結尾卻不完美。那就是不完美。

然而，這也是許多業務員會遇到的問題，或者應該說是每個業務員都會遇到的問題。關鍵只在於誰願意在遇到這問題之後，繼續努力爭取成功。就好比棒球比賽，若一個隊伍輸了一場，就不再玩了，那也許一開始就不該投入這比賽。

業務銷售這比賽，每一個過程都要投入很多心力。

就以棒球來比喻，攻擊做得好，平常勤做練習，看準球，我們擊出安打了，但即便如此，也可能只是上了一壘。經過隊友配合以及平常的練習，我們在關鍵時刻跑上二壘。之後，經過適當的經驗，我們奮勇盜上三壘。以上這些步驟，就等於是我們全書所教授的，如何加強自己的自信，

面對不同客戶如何應對等的訓練。

沒有這些基本功是無法完成業務好結果的，就好像棒球沒做好基本功，是不可能得分的。

在業務銷售的過程中也是這樣，就算前面我們解決了需求定義問題，也透過適當的心錨讓客戶感到興趣。但往往最後的一關才是最難的一關。

我有太多的業務學員，就是卡在這一關。

他們甚至一想到要讓客戶開口成交就害怕。他們如此的害怕，乃至於許多業務寧願和客戶東扯西聊，談天說地，就是不敢問最後的問題，要客戶下決定。

難道業務銷售，只是交朋友純聊天嗎？當然不是，業務銷售是要養家活口，讓你和你的家人有生計保障的。

那為何不趕快成交呢？是害怕成交嗎？

當然不是害怕成交，而是害怕被拒絕。

根據專家統計，有63%的交易無法成交，是因為業務沒有投注這方面的努力，也就是說，本來可以成交的案子，但業務眼睜睜讓機會溜走了。他們實在太害怕被拒絕了，以為拒絕就是世界末日。心裡害怕著「前面我都努力那麼久了，如果最後卻功虧一簣，那我會受不了的。」

殊不知，越是害怕，就讓自己離成交越遠。專家實地觀察過許多業務銷售的情境，有些過程荒謬到可笑，有些業務員真的把時間花在聊家人、聊天氣、聊時勢，卻不做最關鍵的最後確認銷售成交動作。

內心裡，他們只和老天祈禱「請老天幫幫忙吧！讓這個客戶『主動』告訴我：『他／她要買這個產品』啊！謝天謝地。」

但真實情況往往是，客戶本來已心動要買了，就在心緒最高昂的時候，卻得聽業務員在那邊天南地北胡聊，聊著聊著，自己那股熱情就淡掉了，變得沒那麼想買了。甚至後遺症變得日後也不想買，而業務員還不知

道鈔票已經在五分鐘前飛走了，還在那高談闊論，等待奇蹟。

我想告訴各位準業務員們，銷售也許不那麼容易，成交是難上加難，但至少當客戶想買的時候，你絕不能錯過吧！

趁著客戶熱情未減時，順著客戶的需求推動一下，訂單就到手了。

所有業務專家都告訴我們，客戶準備成交時一定有些成交訊號，這些訊號甚至會出現得很明顯。只是業務員已經緊張到看不見。當然，也不是所有成交訊號都那麼明顯，畢竟，那些都只是「訊號」，但客戶畢竟還是保守的，只會暗示，但不一定直接立刻明講他想買。

業務們經常錯失這些成交訊號，有多頻繁呢？

根據統計，44%的人，在第一次被拒絕後，就放棄。

22%的人，在第二次被拒絕時放棄。

14%的人，在第三次被拒絕時放棄。

12%的人，在第四次被拒絕時放棄。

只有8%的人到了這階段，還敢提出第五次機會。而很湊巧的，也就是這8%的人成為Top Sales，他們不僅是頂尖高手，也絕對是千萬富翁、億萬富翁。

前面那些被拒絕的人，真的可惜了。因為根據成交統計，客戶在正式下訂單前，平均可能搖頭四次，但偏偏只有8%的人可以支撐到第五次，也無怪乎，有超過60%的成交都屬於這少數的8%菁英。

不要再讓自己重回遺憾，現在，每次的銷售都請密切觀察客戶的購買訊號。

善於把握客戶的購買訊號

購買訊號分成兩大類：「非語言性購買訊號」和「語言性購買訊

號」。

一、非語言性購買訊號

就是透過肢體動作、表情、或者眼睛發亮等徵兆，表示出客戶內心的想望。相對地，語言性就是透過客戶的說法，展現出購買的欲望。簡單來說，前者就是看客戶「做什麼」，後者是聽客戶「說什麼」。

非語言性的展現，通常也非常的明顯。

當顧客邊說話，邊向你往前傾，或者靠近你，對你點頭表示同意，又或者將雙手攤開，明顯放鬆起來，表情呈現微笑愉悅。

這些動作都代表客戶對你產生信任，對你的產品感到興趣，對成交有意願，並且整個人因此放輕鬆，因為你們已經站在同一陣線上了。

進一步的動作，客戶可能會把玩商品，可能也會拿起來聞聞、看看，甚至翻閱DM、契約、訂貨單等等。他們會詳細閱讀說明書，或者是逐條審視。

看的過程也許他會眼睛閃閃發亮，表露出高度興趣，也許有的人不會，但至少也會展現出一種對商品的親密感。業務員應該會感覺客戶已經開始把商品當成是自己的在看待。

還有人會拿起皮包，算算包包裡的錢夠不夠。在某些場合，例如，家具賣場，有意願的客戶還會開始想像若是在自己家裡，這沙發要往哪裡擺，舉止動作已經開始在為自己家做規劃。

當心裡已經展露興趣了，購買訊號會頻頻發出。

他們沒有開口，但會點頭讚賞你的論點，稱讚你的產品很棒。

你有追過女孩子嗎？如果一個女孩子都已經對你擺出崇敬的眼神，身體也不自禁的靠向你，此時，男孩卻說：「那下次我們見面再聊。」那不

是後面就沒戲唱了。

太多業務員明明接觸到這麼多的購買訊號，可惜卻沒能好好把握。

要知道，購買訊號並不是從一而終的，相反的，熱情很容易澆熄，當最興奮的時間到臨卻沒有得到相應的鼓舞，最終熱情會冷卻，然後腦子會冷靜下來，理性接手。左腦會問「真的有需要買嗎？我們本來沒有這些產品不也是過得很好？下月家中還有其他開銷，這個暫時先不要買吧！」於是越想越冷靜，終於，心中的天平倒向不成交的那邊。

而這些心路歷程，業務員是看不見的。

二、語言性購買訊號

相對於非語言性購買訊號，當客戶展現語言性購買訊號時，成交機率更大。但同樣地，若業務此時沒抓住。那麼，原本的熱情依然會冷卻。

語言性的成交訊號，用以下形式展現：

詢問產品使用意見

也就是說，客戶已經假想自己在使用，所以會問這類問題。

例如，問「你覺得綠色和紅色哪個比較好看？」或者，「依你的專業程度若買三百萬壽險加一百萬意外險，你覺得如何呢？是不是保個防癌險比較全面一點呢？」

或者問有關你的產品操作：「使用這台機器要加多水呢？」

總之，當客戶已經把自己投入擁有這產品的情境，就是一個很明顯的購買訊號。

討論價錢問題

就是因為喜歡才會提出嘗試價格。

例如會問：「有沒有折扣啊？」、「多買幾台有沒有優惠呀？」、「買周邊產品有沒有特殊專案啊？」

或者抱怨一下：「好貴，沒預算那麼多錢。」、「我買這輛車划算嗎？」

這些以價格為焦點的問題，都是代表著「產品本身沒問題了」，但也許客戶還想貪點小便宜，殺價優惠等等，只要業務員適當應對，訂單就簽得成。

詢問付款方式

這是更明顯的購買訊號，簡直離成交只差半步了。

他會問：「付款方式可否刷卡或分期？」、「付款有方式幾種？」、「可以明天再刷卡嗎？」、「要不要手續費？」

已經討論到付款方式，若業務員還反應遲鈍，那就真的別再怪自己為什麼老是業績墊底了。

詢問送貨方式和時間問題

問這種問題也是購買機率很高，表示內心裡他已經想購買。

客戶可能問：「現在有庫存嗎？」、「現在下訂何時可交貨？」

或者有些時候會問：「我想要買的話多久前要先通知？」、「你們什麼時候可以派人送過來？」、「如果今天同意繳清，我保險什麼時候生效？」

或者問：「如果家住得比較遠，可以貨運送達嗎？」

這些都是明顯的購買訊號。

詢問產品使用方法或者細節

例如：

「你可不可以再把使用方式跟我說一次。是餐前還是餐後吃？」

「這機器充電要多久，希望不要超過幾小時以上？」

「這產品我自己看說明書就好了嗎？」

詢問售後服務以及保證期等問題

例如：

「請問保證期多久？」

「故障會維修嗎？」

「保費期滿要再繳費嗎？」

「有問題打電話到公司就好嗎？」

「有哪些部分在保固範圍？保固期多久？兩年內出現問題都可維修嗎？」

這些問題，都只有已經想要買產品的人才會問。

詢問其他人的意見

他們會問：「有那些人買過？」、「有那些團體買過？」

這麼問，就是表示已經想買了，他們這樣問是要強化信心，覺得自己眼光不錯，但還需要更多證明。此時，業務員適當地加強，表示其他企業家也都買這款，就會加強他必買的信心。

客戶會問這機器：「是否熱賣？」、「有很多人買嗎？」、「有那買過的人，他們反應如何？」

這些問題，都是有興趣的人才會問。

要求再示範一次

客戶問你：「可否再解釋一次？」

會關心這些細節，就代表真的很有興趣。

客戶要求再確認、再保證

例如：「真的有哪麼好用嗎？」、「如果我定期吃，真的可以減重嗎？」、「買這個房子晚上真的不會吵嗎？」、「真的我照說明書上寫的做就好了嗎？」做再一次的確認。

成交，就是要成交

「成交」若依難易度來說，可以分成「客戶主動成交」、「客戶發出購買訊號，業務員把務時機順利成交」、以及最難的「強制成交」。

其實所有的業務員工作的最終目的，就是要促進成交。只不過時間的快慢罷了。例如，推銷一個大型的政府公部門採購案，可能要運作個一兩年，作好幾次簡報以及展示；但銷售一杯現榨柳橙汁，只要等在路邊經過的人一手交錢一手交貨。以後者來說，原本也負有業務使命的果汁攤商，大部分時間不用做什麼促銷，在夏天的時候只要站對位置，就有源源不絕的客人主動上門。這種守株待兔式的銷售，卻也不幸成為許多業務想要追求的錯誤目標。最好是每天客人都主動上門來買保險、買百科全書，最好業務代表只要當個收支員就好，客戶交錢，我填單，公司出貨。

實際上業務當然不是這麼回事，前面提到的購買訊息，這也絕對需要業務員經過一番專業的鋪陳，包括正確的產品介紹、誠信的交流態度，以及清楚判斷出客戶的需求以及價值屬性。

然而，如果沒有主動上門的客戶（請不要再做這方面的白日夢），

在和客戶交易時，也一直沒感覺到對方有發出任何的購買訊號。

那要怎麼辦？要一直等嗎？

一個負責任的業務員有責任促進成交，不論有沒有收到購買訊號都一樣。就好像一個棒球選手，有義務要讓自己跑回本壘得分。

嘗試成交，也稱為「強制成交」。就是指不論如何，業務員要做這一個動作，和客戶確認「最後」想不想買？而這過程的主動權絕對操在業務員手中，也許你和他聊得很愉快，也許你認為你已善盡介紹商品的職責，但終究，你還是得問出該問的問題，否則你們就只是純聊天，而公司不是聘請業務員來做社交的。

於是，你不免要開始提出成交的請求了，但請千萬、千萬不要問以下的必死問句：

「你能不能買？」、「要不要買？」、「你的答案到底是或不是？」、「到底好不好呢？」、「我們要不要合作啊？」

這些問題一旦問出，接著對方回答：

「我決定不買」、「答案是否定的」、「我覺得不好」、「那暫時不要合作」。

好了，雙方掰掰再聯絡，這是你辛苦介紹兩小時產品後要得到的結局嗎？所以我們一定要改變問句的方法，不要用這種是或否的是非必死問法，而要改用二擇一的成交必選法。

二擇一法，只要對方不是很反對這產品，只要對方至少有一半的興趣，那二擇一法絕對可以為成交推上最後一把助力。

「你希望刷卡還是付現？」

「產品是要送到你家，還是公司？」

「你要選擇綠色的還是紅色的？」

這些問法都是可以讓原本還猶豫不決的客戶，導入你設定的情境，也

就是假設這案子已經成交了，現在，只是在處理成交後的細節。

這種二擇一法，也可以搭配客戶本身的問題。

當客戶問你這款式有綠色嗎？

若你直接回答「有」，這樣只是單向的交流死胡同，他問你答，然後就沒了。除非他繼續再問，否則就只是單純的一問一答。

你應該這樣回答：

「如果我們有綠色的款式，那請問你要刷卡還是付現？」

這種問答方式，也稱為「銳角成交法」。將客戶的問句以另一個角度切回去，促進成交。另外，也稱為「順水推舟法」，因為你是順著客戶的問題，自然而然回答他的，一點都沒有強迫推銷的意味。

客戶問：「請問這商品有現貨嗎？」

業務員答：「目前沒現貨，但我們能很快幫你調貨。你是希望星期三前我們送一台到府上嗎？還是準備好請你過來取貨？」

客戶問：「這個保單可以用月繳嗎？」

業務員答：「你比較喜歡用月繳方式嗎？那你每個月只要付一千一百元就好。請問你的收益人要寫誰？」

客戶問：「這兩年內若出問題，你們都會維修嗎？」

業務員答：「當然，你有我的名片，若有問題我會負責。這產品有說明書，請問你要我現在陪你一起看，還是你帶回家慢慢研究？」

基本上，大部分的銷售在適當的時候附上一句「現金還是刷卡？」絕對有很大的促銷影響力。

當然，這裡指的是「適當」的時候，包括客戶已發出購買訊號，或者你已經和客戶介紹一段時間，對方大致上也瞭解產品時。若才剛遇見客戶，就來一句「要刷卡還付現？」，保證客戶都被你嚇跑了。

給對方一個購買的理由

在本章的最後要分享一個成交的心理戰術。

那就是「理由成交法」。

成交可以是一件簡單也可以是一件很複雜的事。口渴了，買一杯泡沫紅茶來喝，這樣成交很簡單。但當逛百貨公司後，化妝品專櫃和你推銷一個很棒的保養組，客戶怦然心動，卻又有點不敢買，這就比較複雜了。

經常，客戶決定購買，不完全出於需求因素。很多時候，客戶喜歡一個東西，但又覺得沒那麼需要這個東西，那心裡就會有罪惡感。

「我買這個產品對嗎？」

「我是不是很敗金啊？」

這時候業務員絕對不要只當個門神，呆站那邊等客戶自己掏出信用卡。你越是這樣等，客戶越是覺得不對勁，最後你只會眼睜睜的看著客戶，明明信用卡已經掏到一半了，又硬生生塞回包包，然後說聲「下次吧！」從此你們老死不相往來。

業務員此時，要成功地扮演一個顧問的角色。

請注意，不只是產品顧問，並且還是心理顧問。

當碰到客戶有點猶疑不決時，業務員要趕快過去補幾句話：

「小姐，婦女節快到了，妳辛苦工作一整年，在這春暖花開的日子，好好犒賞一下自己並不為過。」

「先生，我看你就是個孝順的人，懂得買這樣好的健康保養品組，既可以照顧自己身體讓父母放心，更可以直接孝養父母。」

「這位年輕人，你投資自己是對的，馬雲也曾說過『人生最重要的投資就是投資自己』你今天買下這套課程，正是對自己負責的最佳表現。」

當一個客戶處在焦慮的狀態，內心兩個聲音在掙扎時。

最需要有一個人給他一個理由，讓他確認自己的錢是花在刀口上。

另一種情況，對方也是處在猶疑狀態，但是偏向不想買。

這種客戶最後通常會說一句話：「下次吧！」、「我考慮看看」。但你我都知道，大部分這樣的情況，就是客戶走出店門，不再回頭。

在這種情況下，可以試試魔法問句：

「請問先生，你覺得若沒購買我們的保險商品，會有什麼損失？」

「請問小姐，你覺得沒有採購這組保養品，會有什麼困擾嗎？」

客戶可能會自己說：

「可能缺乏保障，會增加風險。」

業務再問：「還有嗎？」

客戶會再邊想，邊回答：「不出狀況則已，一出狀況就會有很大損失。」

試著讓客戶，自己說服自己。

反過來，再問：

「真心想想，這產品可以帶給你多大的好處？」

如果原本就處在猶疑的狀態，那客戶終究會自己想清楚，然後做決定。

業務員必須要善於說話，但更多時候，要懂得閉嘴。

例如，這個時候就要停留三十秒，讓客戶自己說話。

這時你的無聲勝有聲，成交關鍵就在這裡。

本章講述較多，因為我要再次強調，對業務員來說，「成交才是王道」。

祝福各位讀者練成業務成交降龍十八掌，天天都有訂單成交。

練功時間

檢視你的成交率

看完本篇之後，

Ｑ 你覺得你是不是屬於那8%的成功者呢？

....

....

Ｑ 如果不是，為什麼？

....

....

....

....

Ｑ 請回憶最近一周你的成交率。並檢討你是否太早放棄了？

....

....

....

....

....

....

....

Ⓠ 學了本篇的觀念後，你是否願意多一點堅持？

Ⓠ 請給自己一個月的時間，再來看成交率是否提高了，如果提高，恭喜
你學會成交，如果效果不佳，請透過紀錄分析原因，並寫下來你的改
進想法，再具體落實。

葵花寶典

神功大成，你就是東方不敗

在武癡級的武俠迷眼中，哪一個武功最高呢？不是「降龍十八掌」，不是《九陽真經》，也不是「獨孤九劍」。而是那帥氣（或者說邪氣）到邊繡花、邊可禦敵的葵花寶典。透過電影的形象，東方不敗那似男似女的造型，氣定神閒的應敵。《笑傲江湖》裡，在黑木崖上，令狐沖、任我行以及向問天等三大當世頂尖高手聯手圍攻，卻仍然不敵東方不敗。「葵花寶典」真是頂尖中的頂尖啊！

提起「葵花寶典」，有句話武俠迷人人耳熟能詳：「欲練神功，引刀自宮」。其意思是若不斷絕欲望，練此功會令人走火入魔，這也隱喻為要求得高深的技能，必須要有所犧牲。

現代業務大俠們要成就最高級數的業務功夫，當然不必自宮。但肯定必須切割過往錯誤的思維。當你能跳出舒適圈，才能領悟業務武俠的最高境界。

全書來到最後。

我要問讀者，你真的想要成為一個頂尖的業務員嗎？還是你只是把書翻翻，明天起床，還是過原來的日子？你甘心每月只靠有限的只能勉強維持生計的薪資過活，所有你夢想的東西：別墅洋樓、高級房車、環遊世界、體驗人生⋯⋯都只能留待下輩子，如果到時候出生含著金湯匙再說，你甘心這一生這樣嗎？

如果現在眼前有一本業務葵花寶典，翻開來第一頁就是：「欲練神

功，必先斷絕過往惡習」，那麼你還願意嘗試嗎？

請注意，這不是賭博。也就是說只要你肯做，「保證」可以成功。

不僅僅是做了「有機會」，也不僅僅是，你做了「有很高的可能」可以成功。

只要真正落實，願意照這樣實行，你「百分百一定」可以提高業績，改變你的生活。

不必引刀自宮，但要真正洗心革面

在結束本書之前，我要和讀者分享四個字：

不忘初心。

每個人不是出生下來，就等著哪一天進棺材，然後在過程任人宰割。

人生不是這樣的。

每個人一定曾有夢想，有的想當總統、有的想當飛行員、有的想當大將軍。無論如何，多數人都想要自己是個大富翁，沒有人的願望是自己要當窮人。

這些夢想沒有對錯，人生有夢最美。

問題是，你的這些夢還在嗎？

後來夢不見了，變質了。你變成一個欲求不滿的「上班不足」，你變成一個高不成低不就的職涯人。

有人奪走你的夢了嗎？有人下命令要你不准再有夢想嗎？

其實並沒有。我去問每個人，他們喜歡現在的生活嗎？如果不喜歡，那為何不試著改變呢？

所幸，夢想還是可以回來的，而且方法出乎意料的簡單。

不用經歷苦刑，不用到深山冥想，也不必一定要花大錢拜師。

只要「自己」肯覺悟，一個人就會再次回到往成功的路上。

所以，在本書最後，如果你希望追求成功，當一個頂尖業務員。請先反省以下事項，你是否一個個照做：

是否不忘初心？

你是否還記得你心中那個曾經熾熱的夢想？

是否能夠列出你的目標？
還記得嗎？目標要清楚明確，要可以量化。

是否可以確定自己的價值觀？
你的價值觀與你的目標一致嗎？
如果不是，你願不願意調整？

你是否建立你的信念？
你要做個成功的業務員，你的信念是什麼？
這信念是否值得你一生投入？

你願意改變你的就習慣嗎？
你可以列一個表，呈現你為何不能成功的原因嗎？
諸如：不敢打電話、不願意早起、不夠熟悉你的產品、不願意放棄安逸偷懶的壞習慣……

在列出來之後，你願意調整自己嗎？

你願意擇善固執，找出對的習慣，堅持下去嗎？
你願意從今天起，每天打一百通陌生電話嗎？
你願意設定每日業績目標，不達到當天就不回家嗎？

或者，你還在學習，還無法立刻那麼投入，那也行。那麼請問：
你願意讓自己學習成長嗎？
你有開始為自己設立偶像，當作學習的標竿嗎？
你有建立你的正面心錨，時時砥礪自己嗎？
你有依照本書分享的知識，開始改變自己形象，學習正確的肢體語言嗎？
你願意以本書為檢核標準，設定自己改善的目標，然後時時檢核自己是否達到嗎？

最後，
請你設定一個期限，好比如說，三個月後，
你希望自己變成什麼樣的人？
請寫下來，貼在牆上。
對照時間，從現在起，三個月後，你要達成目標。

請拿起筆，開始做。

不只成交，並且要持續成交

套句二〇一五年臺灣爆紅人物泛舟哥的流行語：

「做業務銷售就是要成交啊！不然要幹嘛？」

其實泛舟哥自己也是一位業務人員，他的新聞影片紅了，這也是個人品牌宣傳的一種。

業務員要成交，基本功必要先做好。

如果讀者們已經把本書業務外功篇的所有招式都記憶在心，並且願意實際應用在日常生活的銷售行動裡，那麼恭喜你，這月貴公司的業績王可能就是你！

但業績不只要好，並且要追求Number 1！

一個頂尖的業務高手，他們的平均業績一般來說都比普通的業務員要高個兩倍到三倍，這是怎麼做到的呢？

這裡就分享讓你業務成交倍增的業務葵花寶典：

業務葵花寶典第一重點：塑造價值而非價格

所有頂尖的業務員，一定都很確定一件事：

他賣的不只是一個產品，一是一個為顧客打造的服務。
客戶買的不是產品價格，而是買到一個整體的價值。

價值，是本來就存在的，可惜大部分的業務員沒有好好傳達。如果我們只一味地表達我們的誠意、我們的專業、介紹我們產品的優點，這是不夠的。

好的業務員，應該要能隨時站在客戶的角度來問自己：

如果我是客戶，我為什麼要買你的產品？

我知道，許多業務員明明工作很努力，對產品也很專業，但業績就是無法更上層樓，就是卡在這個環節。他們沒有在銷售的時候問自己這個問題，也因此在服務客戶時，少了那種「將心比心」。

舉個簡單的例子，我是一個父親，我想為我的孩子買一隻小狗狗作為他的生日禮物。現在，鎮上有三個店家可以賣狗給我。

甲商人說：一隻狗一千元，一手交錢一手交貨，貨物收訖概不相欠，日後有問題也不用再找他。

乙商人說：一隻狗一千元，我們的狗品管好，保證無衛生問題，客戶可一周內付款，一周內不滿意還可以無條件退貨。

丙商人說：一隻狗一千元，並且我們負責幫你將狗送上門，不僅服務到家，還幫你搭狗屋，並且教導養狗知識，還提供一周狗糧。如果飼養一周內不滿意，一樣可退貨。

一樣的價格，我們當然會選擇和丙商人購買。

所以我們此時選的不是價格，而是價值。

現在，

若甲商人一隻狗賣五百元，只銷售但不管售後服務。

乙商人一隻狗賣八百元，可一周內退貨。

丙商人一隻狗賣一千百元，如同以上所列有送貨到府及附加服務。

如此，價格不同時，不同的客戶可能就有不同的選擇。有的人願意重視低價格，選擇甲；有的人願意多花點錢擁有更多保障，但覺得沒必要到

家裝狗屋，選擇乙；有的人認為要最好的服務，選擇丙。

這時你可能會問，那需求不同，價格也不同，所以客戶是看價格還是看價值？同樣地，我要說，客戶是看價值。

對於甲商人的客戶來說，他對買狗認定的價值是價格取向，對乙商人的客戶來說，他對買狗認定的的價值重視售後服務，對丙商人的客戶來說，他重視的是價值是更專業的服務。

價格如同品質、服務以及其他附加價值般，對客戶來說，是整體價值的一部分。既然價值才是重點，一般的業務員如果一味地以價格導向來銷售，那當然銷售成績會不理想了。

一個頂尖業務員和客戶做業務銷售時，心中時時想的是如何創造銷售價值。

永遠沒有產品貴不貴的問題，只有價值高不高的問題。

一輛高級房車，售價一百五十萬元，有的客戶覺得貴得太誇張了，有的客戶卻覺得物超所值。因此，價格是相對的，當一個客戶覺得一個產品重要，就算價格高一點他也會買單。重點在於業務員有沒有正確傳達資訊，讓客戶真正認知到這個價格。

我常跟我的學員說：

在客戶尚未充分認識產品價值前，千萬不要談價格。

也請記住，對業務員來說重點不是賣出產品，重點是在帶來什麼結果。

好比如說，我們賣車子，重點不是銷售出一輛車子，而是提供給客戶

一個滿意的交通工具。

站在客戶的角度來思維，客戶想要的是結果，而非產品特色。

業務員大談特談產品的特色，客戶心想「這關我什麼事？」

但如果你和客戶報告，這產品可以帶給「你」什麼好處？那客戶就有興趣了。

舉個例子，我們有一款新開發的原子筆，其特色是新型專利的浮動鋼珠，使用的好處則是書寫時更流利、更方便。

或者這一款遙控器特色是可以同時遙控舞台上不同的電器，使用上的最大好處就是省去了同時操控不同電器的時間與麻煩。

要記住：

好處永遠與客戶有關、特色要與產品有關。

因此，這裡有個公式六字訣：

「也就是說對你……」

舉例來說，這款新車非常的受歡迎，其最大的特色是內建全球衛星系統，「也就是說對你」的狀況，是你「再也不會迷路」，透過本系統，你可以更快速地到達你要去的地方。

這台IPAD，最明顯的特色是輕便易攜帶，「也就是說對你」來說非常方便，「可以把一千首喜歡的歌曲放在口袋裡，隨時隨地都能聽」。

只要適當的使用這個公式，就可以讓客戶將原本事不關己的產品介紹，一瞬間變成和他息息相關。

當一個產品，客戶以第三者角度來看時，並不覺得有什麼價值，一旦

連結到自己的利益，頓時就會產生價值。

從古至今，不論是頂尖業務員或者各領域的專業人士，好比如說律師、外交官，那些能在談判桌上為國家爭取到重大利益的人，其實某種角度來說，也是另一種業務員，只是他們銷售的是一個好的條件，交換對國家有利的新合約。其如何做到說服，關鍵也一定是要讓對方感受到「價值」。

兩國交戰，戰勝國和戰敗國談判，原本戰勝國擺出強力姿態要求戰敗國巨額賠款。但戰敗國的代表說：「如果能夠降低賠償金額，讓他們的工廠可以運作，那其創造的經濟價值，帶給戰勝國的『好處』其實是更大的。」當戰勝國思考戰敗國提出的好處後，終於讓步，願意以較少的賠償金額簽約，換取長期的互惠利益。

一個成功的業務員可以為客戶創造價值，既帶給自己公司更多的收益，也讓客戶滿意。

相反的，一個一心只將焦點放在價格上，深怕被客戶拒絕，每次客戶出現猶疑，就使出降價這一招，那是對自己非常沒信心的業務員。就算最後可以成交，也讓公司的利潤大減，並且在此同時，客戶還以為貴公司可以予取予求，對企業產生不好的印象。

好的業務員和不適任的業務員，高下立判。

業務葵花寶典第二重點：價值不是定數，而是可以增值

這世界上有些東西是不變的，例如物理化學屬性。一杯水，其化學式就是 H_2O，不論是在亞洲、歐洲或非洲，都不會改變這個事實。

但一杯水的價值卻可以被提升，這也是一個頂尖業務員和一個普通業

務員的重要差別。頂尖業務員讓客戶對產品或服務感到的價值提升，不但願意成交，並且願意用高一點的價錢成交。普通業務員卻眼睜睜的讓原本一個好商品，在客戶眼中不屑一顧。

以下分享，業務高手提升價值四大方法：

第一法：環境加值法

同樣是一杯咖啡，為什麼當你去星巴克喝的時候，一杯要一、兩百元。而你在便利商店買，只有幾十元？這就是環境帶給咖啡的附加價值。

想想看，你所銷售的產品能否結合情境，帶給客戶更高的價值？

好比如說，銷售成功學的課程，就要在一個激昂、充滿鬥志的場合；要銷售紓壓精油，就要搭配唯美、讓心靈昇華的環境氣氛。

氣氛對了，不只有助於銷售，也讓客戶願意付高價買單。

第二法：量化你的價值

價值很重要，但有時候客戶無法感覺到這價值對他的影響。

這時候就要用數字表示。

請注意，這時候表示的數字不是指這產品賣多少錢，而是指這產品可以帶給客戶那些好處，這些好處若用數字表現是如何？

舉例：

「加入這個理財方案，可以讓你未來三年內，每月增加多少利潤。」

「使用這款冷氣機，每個月為你節省五百元電費，一年幫你省六千元。」

有了數字，就能在客戶心中形成一個可量化的思維，他計算過後，知道自己可以獲得多少好處，然後怦然心動。

第三法：創造產品稀有性

產品為什麼稀有？

有一個呈現方法，就是將製程解釋給客戶聽。

好比如說：「這款玫瑰精油，每一千朵玫瑰，才能釀出1ml的精華，非常的珍貴。」

當產品的誕生是如此難能可貴，價值自然就高了。

業務葵花寶典第三重點：幫客戶轉移風險

業務員想要成交，經常到最後關頭會出現障礙。可能客戶很喜歡這個產品，但是……，這個「但是」後面可以接很多句子。

最常見的情況是：

「但是，我覺得還是超過我的預算。」

「但是，我還是怕使用後會有問題。」

「但是，我覺得我還不信任這產品，下次再說吧！」

一個頂尖業務員，懂得在這關鍵時刻，幫客戶轉移風險。

好比如說，達美樂的廣告說三十分鐘外送到家，超過免費。

原本客戶擔心會有太久送到、冷掉不好吃的風險，廣告就是告訴客戶「不要擔心，我擔保你沒這個風險」。

如何讓客戶覺得沒風險呢？有以下方式：

1. 退貨保證，或退費保證

「如果不是百分百滿意，我們就退費。」安麗就是採取這樣的作法。

另外有很多產品會打出使用者七天試用，七天內不喜歡，退還免手續費。

2. 分期付款計畫

「只需付一小部分訂金，這麼好的產品就立刻可帶回家。」聽到這句話，許多的客戶會立刻卸下心防，覺得不用擔心金錢風險了。

好比如說，這台電腦要三萬元，現在只要刷卡，立刻幫你到府安裝。信用卡分期，每月只要八百元，輕鬆享有新電腦，人們多半會心動。

3. 售後服務保證

「如果買我們產品，未來一年免費服務，並且我們的客服中心二十四小時在線，全年無休。」

客戶本來會擔心購物的風險，這些售後服務就可以讓他安心地下訂單。

4. 先使用後付費

這招有很多廠商也很愛用，乍看像是廠商吃虧了，但實際上廠商只是要取得卡位權，特別是當有數家品牌競爭，採取免費的那家先卡位進駐客廳。之後雖然可以退貨，但大部分客戶的習慣是東西放進家裡，就不好意思退貨，或者嫌麻煩，就保持現狀。

許多的平台業主打出免費或者以超低的價格供應平台。例如MOD，一旦到府安裝後，他們賺的不是平台的錢，而是客戶長期使用內容的收益。好比說我裝了免費的MOD，但我卻購買許多的節目套餐。

麥當勞也經常採用這一招，他們常打出特惠價，只要39元，但實際上客人進店後，很少人只點39元餐，一定會加購其他商品。

這種先用免費或低價轉移客戶的風險，是以現在的優惠換取未來的收益。

5. 有獲利，再付款

這也是許多產業喜歡運用的方式，主要用在非消費品上。

例如，企管顧問公司表示「我幫貴公司做輔導，貴公司可以先不用付款。只有當我們輔導完後，未來公司營運一旦成長，我們再做抽成。」

對客戶來說，第一個想法是「免費就能得到服務」，第二個想法，未來要付錢的前提是我先賺到錢，我如果沒賺錢，他也拿不到錢，怎麼想都划算。

在出版業也常有這樣的合作方式，出版一本書不用錢，但未來賣書的錢可以抽成多少等等，都是這樣的概念。

其他，例如，試用三十天再付款、買貴退還三倍以上差價等等，都是利用風險轉移的方式讓客戶卸下心防，最終結果都是促進成交。

業務葵花寶典第四重點：用小利換大利

每個人或多或少都有貪小便宜的心理，這是一種人性。

頂尖的業務員擅長用這樣的人性，藉小利套大利。方式有很多，最常用的方式是送贈品，然而送贈品也有幾個該注意的原則：

1. 不要送你賣不出去的東西

把自己的庫存品包裝成贈品送出，自以為一舉兩得又清理倉庫，又讓客戶覺得賺到。殊不知，送這一類原本賣不出去的產品，並無法加強原本產品的價值，有時候還會讓客戶反感。

2. 贈品和主商品有關連性

例如，買一罐咖啡，送咖啡隨身包。或者買西裝，送領帶，這會比較

相關。

3. 贈品一定要低成本高價值，才不會虧本

重點要有高價值。

舉個例子：像我有個女兒，我就經常會去嬰幼兒用品店買東西，如奶粉或玩具。如果這家店可以提供買嬰兒用品時，附送兩小時專家分享如何泡牛奶比較健康的影片，我就覺得這贈品實用有價值。

4. 贈品不要太多，兩到三個就好

由於有些贈品不是人人都喜愛，如果提供兩到三種，那麼不同類型的人可能會喜歡不同的贈品，各取所需，但不用太多。

5. 贈品也要塑造價值

雖然贈品是免費的，但在包裝上，要讓客戶覺得他賺到了。

舉例，當我買一套高檔西裝，客戶送我一條牛皮腰帶。這腰帶裝在一個包裝盒裡，盒子上註明有標籤原價四千八百元，特惠價兩千八百元，我就會心想「真的賺到了。竟然送我價值數千元的贈品。」

業務葵花寶典第五重點：強化稀少性

在前面的業務心理戰術章節中，我們也曾介紹過稀少性。這裡再以成交的角度來介紹。

強化稀少性和急迫感對成交很重要，這也是另外一種塑造價值的方法。因為稀少，所以更有價值，「因為快缺貨了，所以我能買到真的難得。」

而稀少性的包裝方式，包括限時、限量、限價、以及搭配稀有的贈品。

例如，某個汽車品牌全球只有五千輛，現在台灣只限五輛。往往這五輛車，沒幾天就被台灣的頂級客戶訂走。

其他方式，例如：「我們只限每天下午兩點到五點會有優惠，那麼這段時間就真的交易量會提升，許多本來沒那麼需要此產品的客戶，也會因為限時特賣而來採購商品。」

還有「限客戶」一招：「本商品只賣給願意讓人生過更好、有企圖的心的人，不賣給一般人」。於是很多人會來買單，因為他們自認不是一般人。

「本贈品只限前五十名購買者才能擁有，只送不賣。」這招也是常用的招式。或者，「現在買價格很實惠，到了下個月，公司就要調漲產品售價了，那時就比較貴了喔！」這樣的說詞，也能刺激很多人當下購買的欲望。

業務葵花寶典第六重點：找到見證，客戶更願意買單

客戶若有心想購買，但內心還是有點猶疑，此時用這招非常有效。

所謂見證有分幾個種類，我們可以視產業類別不同來做調整：

1. 名人見證類

也許業務員說了，客戶仍半信半疑，但連名人都推薦了，那就保證沒問題。

2. 數字見證

有些產品不是誰說了算，而是需要數字為證。

某某客戶因為買了本冷氣機，每月省五百元電費。還秀出帳單，這樣客戶就信服了。

3. 海量見證

我們不一定每個商品都得找到名人見證，如果能有很多人見證，效果也是一樣的。例如，有超過一百個人使用，都說這產品超讚。

當然，要使用此方法，在事前要先做好紀錄整理，取得當事人同意，願意留下聯絡姓名、電話，最好還能提供照片。這樣統計下來，就可作為說服下一個客戶的證據。

4. 同行見證

例如，我們推銷一款油漆，連裝潢設計師，餐廳規劃師，都來稱讚這油漆好，那就是最好的見證。

善用各招業務葵花寶典，讓你成為業務東方不敗，無往不利。

練功時間

檢視你的成交率

Q **請針對你所屬的產業，以及你的產品，列出這些商品的特色：**

Q 設法將之轉變為客戶愛聽的語言，以「可以為客戶帶來什麼好處」來做切入：（重新思考你的銷售語言。）

華山論劍：歡迎各路大俠登場

　　各位親愛的讀者，讀完本書後，您是否有滿滿的收穫呢？是否對您的業績提升有所幫助呢？相信本書很多的觀念，您在不同的場合以及不同的閱讀經驗中，可能或多或少都曾學習過，包含建立自信心、正面價值觀，以及各種業務話術應用等，過往以來許多老師也都曾在不同專書分享類似的觀念，重點在於您是否有具體落實。

　　當您學習完本書後，若仍覺得業務拓展有所困難，也不要煩惱。畢竟，銷售是一門深厚的學問，需要實務經驗累積。只不過若透過專家的分享，也許他們的經驗可以幫您省掉許多冤枉路。裕峯的業務培訓團隊們也經常性地舉辦華山論劍活動，歡迎讀者一起來參與切磋「武技」讓我們共同成為頂尖業務高手。歡迎您來與我們交流與諮詢：https://www.facebook.com/overthetop168/

　　接下來與各位分享我在《直銷世紀》「萬物皆可賣」專欄裡的文章，都是交流論壇上業務員在銷售時經常會遇上的問題，提供大家預先學習與準備，讓溝通變得簡單，秒速成交！讓您沒有難做的生意。改變過去，創造未來，邁向超越巔峯人生。

用INCOME問句法，導引客戶消費

談起銷售，業務大師們可能會教我們一件事。事實上，在我過往的專欄裡也提到過，那就是「站在對方的立場上想事情」。當我們可以將心比心，真正為了對方的利益來思考，那麼在做銷售時，至少心境上，會更加的理直氣壯，因為我是為了「幫助你」所以賣東西給你。

但回歸到人性，我們真的有那麼利他嗎？除非我們要自己騙自己，認為當自己手上帶著商品或樣品，當面對著全然不認識的陌生人，我們也同樣總是為對方著想。必須說，這樣子的事，不要說自己不信，連買方也絕不會相信，最終，雙方都心知肚明，業務工作就只是想賣東西賺你口袋的錢。

當然，基本的道理仍是不變的，我們要站在對方的角度想事情，並且這是一種「心靈的境界」，最高境界是「銷售一切都是為了愛」，例如世界級銷售大師喬‧吉拉德，就已到達這個境界。但對一般業務工作者，在到達這樣境界前，我們不免還是要透過話術以及各種技巧，最終目標還是要締結成交。

這裡，我要分享的就是我對此發展出的一套理論，叫做INCOME問句法則。

問對問題，也要做對回應

是的，是問句法則，而不說是業務法則，或銷售法則。因為，人與人

253

間的互動要發展出新的結果，都是靠「問出來的」，這不限於業務，包括男孩追女孩、老師說服學生努力用功，或者員工希望老闆加薪，都是一種互動，而透過適當的問句，希望「引領」到你想要的結果。

所謂INCOME，一看字面就知道，是收入。對業務工作者來說，就是明確的要有「進帳」，對其他想追求加薪、追求愛情、追求一種承諾的人也都一樣，INCOME就是各種形式的「進帳」，如愛情進帳、關係溫度進帳等等。但INCOME在這裡也是一種方便記憶的心法，因為INCOME剛好也代表著這套理論的五個步驟。

INCOME問句法則，對應著人與人間交流的五個流程，分別是

★ **INquiry**（提出詢問，洽詢）
★ **Call**（搜尋，回答）
★ **Offer**（回饋，對應）
★ **Manage**（管理，導引）
★ **Expect**（期望值）

是不是？我們把五個流程的字首合起來，就是INCOME。

有關整個INCOME問句法則牽涉到每個環節的具體應用及方法，在此我只將焦點放在其中一個關鍵環節，那就是Call到Offer。這裡我們就以業務銷售為例。假定業務想要銷售的產品是健康食品，那麼第一個問題很重要，總不會有業務第一句話就直接Inquiry對方（並且對方是第一次見面的新朋友），「要不要買？」這種問法就太失禮了，通常情況，第一次聊天，一定是從建立關係，拉近距離開始。

假定一開始的寒暄，業務看到對方皮膚曬得比較黑，直接反應就是聯想到對方剛旅行回來。於是從這邊開始切入，問對方最近剛去哪玩？是不是很愛旅行。

果然，業務猜中了，對方剛去澎湖旅遊回來，且談起這次旅行他還很興奮。於是業務Inquiry問題，對方也一一回應。但接著就是業務成敗關鍵。

以下舉三個例子。

◎三種對答範例

範例一

業務：「你剛從澎湖回來喔！這個季節海邊很漂亮喔？」

客人：「對啊！海邊風景真的好漂亮，看到好美的奇景」

業務：「在澎湖都吃什麼啊？」

客人：「吃海鮮啊！我們晚上還有參加釣蝦活動，自己吃自己釣的蝦喔！」

業務：「去澎湖要花多少錢啊？」

講著講著，客人越講越意興闌珊，然後站起來說他有事要先走了……

在這個範例裡，業務Inquiry，客人Call，但業務接著又Inquiry，客人繼續Call。感覺上客人講他的，業務根本沒在聽，只是硬湊合著聊天，無怪乎客人不想繼續下去。

比較正確的做法，如範例二。

客人：「對啊！海邊風景真的好漂亮，看到好美的奇景」

業務：「看到奇景喔！我很好奇是什麼？」

客人：「知道嗎？我看到海竟然有雙層顏色耶！我也下去浮潛了。」

業務：「好棒喔！浮潛，我好想了解浮潛的感覺喔！」

客人：「我告訴你喔！浮潛的方法……」

在這個例子，業務Inquiry，客人Call了，業務則以客人的回應為基礎，繼續下一個Inquriy，這算是讓對話愉快進行下去。但以業務工作來說，本例後來還是失敗了。因為當客人和業務聊了半小時浮潛的趣味，接著他還是站起來，說要走了，因為花太多時間聊天，他有其他事要忙了。

但業務交談，最終是為了成交，不是為了聊天啊！當然我們也可以自我安慰說，第一次聊天只是為了增進情誼，但不幸的，以上的案例是客人走了之後就沒再回來。所以Inquiry接著Call，之後還是要設法進入第四階，也就是Manage，要能把客戶的關注重心，導入銷售的產品，才是成功的INCOME問句法。

讓我們來看範例三。

客人：「對啊！海邊風景真的好漂亮，看到好美的奇景」

業務：「看到奇景喔！我很好奇是什麼？」

當客人聊到海邊的經驗及浮潛後，業務在不脫離主題的話語前提下，導入的問題：

業務：「浮潛，好嚮往喔！但我很好奇，這樣玩一天下來身體會不會累？」

客人：「玩一整天下來，老實說晚上好累喔！連逛街都沒興致了。」

業務：「您看來應該不到四十，不會那麼容易累吧？」

客人：「沒有，浮潛真的也很耗體力喔！加上我平常上班很少運動，

所以假日偶爾參加戶外活動還是會累啊！」

業務：「其實，以您的身體狀況，只要加點補充，就會天天精力充沛喔！」

客人：「怎麼說？」

於是業務就順著話題導入他的健康食品，可以平常就補充體力，強健體質，讓出遊永遠都可以很盡興。

最終客人跟他買了健康食品，並且還成為長期客戶。

做對回應，價值數百萬

同樣的客人，經過不同的問句方法，最終結果卻差很多。並且我曾計算過，如果以十個人來計算，甲業務，把原本乙業務沒把握的十個人自己把握住了。每個客人創造的業績，包括現場消費以及日後長期消費，再加上他介紹朋友來，未來五年帶來了三萬元進帳，十個這樣的案例，就帶來三十萬進帳。這一來一往，甲業務和乙業務，就差距三十萬。何況，實務上，乙業務沒把握住的客人還更多，一年肯定超過一百個，所以甲業務和乙業務，這樣就差了三百萬。

驚人吧？為何有人視業務工作為畏途，因為連生計都顧不到，但實務上，卻多的是業務年收入數百萬甚至上千萬呢？這裡不需要談各種高深的業務技巧，單單就談與一個陌生新朋友談業務，如何透過問句把握導引，就可以帶來上百萬的金額差距。

所以問句重不重要？

實務的INCOME問句法則，包含很多的技巧分享，但在此只和讀者傳達一件事，一個業務和新朋友要懂得透過問句，將話題導引到自己的產品

上。第一個關鍵點，在「站在對方的回應上，衍生新問題」，第二個關鍵點，在「問話回應及回應即問題相結合，要能把話題引向談話主題」。

做好Inquiry加回應及導引，銷售業績就會自然提升。

用微表情搭起你成交的橋樑

　　如果這世界上真的有哆啦A夢，而你是一個業績還差一小截，但月底結算日要到的業務人員。你會希望這隻可愛的機器貓送你什麼法寶呢？

　　送催眠棒用催眠術逼迫別人買東西？這太不道德，且有後遺症。送魅力西裝，讓每個人看到你都想跟你買東西？這太不真誠，並且一樣有後遺症。如果可能，相信有的人會想要一副「讀心眼鏡」，戴上了這副眼鏡，只要跑去熱鬧的地方逛逛，「看看」有哪些人對我的產品可能有興趣，就找那些人銷售就好，保證很快業績就達標。

你也可以擁有「讀心術」

　　當然，這世上並沒有哆啦A夢，也就沒有這種讀心眼鏡。但即使沒有讀心眼鏡，還是有其他辦法可以「讀心」喔！

　　說起來，原本人們的心都很好「讀」的，像是最純真的嬰兒，他的喜怒哀樂，你一眼就分辨得出來。但隨著年紀越來越大，大家也越來越社會化後，就不好讀了，所謂「人人都戴一副假面具」就是這個意思。

　　但再怎麼偽裝，其實還是有些表徵可以看到內心的趨向。

　　是的，我們沒那麼厲害，可以看到對方想法，那太可怕了，如果你是讀心人，那相信沒人敢當你的朋友。但看到「趨向」則是另一種涵意。舉例來說，對於這個廠牌，你的「趨向」是喜歡或討厭或中立，甚至你完全對這類產品沒興趣等等，這樣的趨向是看得出來的。基本上，一個成功的

業務，就是能做到，讓原本對某產品趨向持負面看法的人，慢慢轉為正面，最後甚至願意下單，那就是最高段的業務。

重點還是，一開始要人看到這個人的趨向。如何看呢？真正高段的人可以從一個人的一顰一笑一個呼吸一個手勢，看出他內心的想法。但我們不需要那麼厲害，一樣可以分辨出基本的趨向，那就是看所謂的「微表情」。

看懂對方的「微表情」

平常簡單的表情，大家都看得出來，例如一個人大笑是開心，哭泣是傷心難過。一般只有面對自己的親人家人或信任友人，人們才會露出真正的表情。而在商場上，看不出真正表情，所以必須看得是微表情。例如某個人的笑，可能是禮貌性的笑，可能是邊乾笑心裡邊想著「這人好無聊」，甚至有可能「笑裡藏刀」。總之，表面上的笑，不一定是對方內心真正的笑。

假想一個情況，某業務員對著一個準消費者，口若懸河的一直講一直講，因為對方是個脾氣很好的人，基於禮貌，她還是邊聽邊微笑，其實內心正想著：「好煩，到底要講多久？」然而，這個業務員看不出「微表情」，還是繼續向對方介紹產品，最終，浪費了雙方的時間，對方不但沒買東西，對這廠牌反而留下壞印象，而業務員本身則是浪費了一個小時，且因為最終沒成交而變得沮喪。

如果可以在過程中，留意一些微表情，那就可以改變策略，最簡單的分辨方式，就是看眼神以及身體語言。如果一個人基於禮貌和你講話，他

的聲音可能也都還是很客氣，但眼神會失焦，可能看著別處。而身體也不知不覺的有點離你稍遠，甚至連腳站的方向，都暗示他想離開。

把心拉回，才能繼續交流

當一個人不想聽了，你還繼續講。那肯定後面不會有結果。這時候的做法，應該設法把對方的心拉回來。

怎麼做呢？當你講著講著，對方其實心已經飄走了，而你透過觀察微表情觀察到了。要當機立斷，把話題轉頻。有一個屢試不爽的字眼，那就是「對了」。任何時候，談話談到一個節點，某方忽然說「對了」，那肯定會吸引對方注意。因為「對了」，代表一種轉折，並且暗示後面有一個特別的內容要闡述，而人的心都是好奇的，當你說「對了」，於是對方就會重新聚焦在你身上。

這時候，你要改談對方有興趣的話題，同樣地，你要觀察對方的微表情，例如你說「對了，妳有沒有小朋友，功課好嗎？」這時候你發現對方一談起自己孩子，興致來了，於是你就聚焦在這話題，跟她聊孩子，然後再找個機會，從孩子身上導入產品，例如「原來你孩子那麼聰明啊！真是家長教養有方，相信如果搭配好的保健食品，更有助於他的學業……」

請記住，任何對話要順利進行，一定要站在「對方有興趣」的前提下，如果對方根本心已經離開，那你的產品再好，你說得再口沫懸河也無濟於事。可以說，雙方談話的過程，就是設法讓「對方停留在有興趣」的過程，而分辨對方什麼時候失焦了？看的就是微表情。

找到對方真正的想法

而我們可以觀察到的，除了像眼神飄走、身體偏移、腳步指外面……等等代表著對方想離開之外。還可以觀察到：

▶ 當對方不由自主向你靠近，頭往你這邊傾，表示他非常感興趣

▶ 當對方眼睛突然睜大，或表情突然凝住，表示你的話語讓他驚訝，觸動他的好奇。

▶ 當對方雙手抱胸，表示他持保留態度，甚至有點排拒的意思

這裡要特別提出的一種微表情，當對方以手掩口，那就是下意識地阻止他自己講話。為什麼阻止他自己講話？其實意思就是他想講話，但基於禮貌不講話。

做業務的當看到對方這種動作，切記，這代表「機會來了」，因為對方想講話了，你就要導引讓他發言。接著對方可能就會提問了「你說這產品有這些功能，但如果我是過敏體質怎麼辦？」「你剛說的效能，適合老人家嗎？」

任何業務銷售人員都知道，不怕刁難商品的人，只怕不聞不問的人。對方願意提出問題，那再好不過，表示他已進入「對話情境」裡，只要順著這個趨向，隨時掌控對方，若思緒快飄走時，就要及時拉回來。那成交就有希望了。

 ## 善用肢體語言建立好印象

當然，相對來說，我們懂得看對方的微表情，對方其實也在觀察我

們。

　　一個業務工作者，除了切記不要整場「搶麥克風」，要適時讓對方「當主角」外，也必須設法讓對方對你有好印象。最常見的作法，透過我們的肢體語言，包括當對方講話時，你身體前傾，並且有意無意地，把脖子露出來，還有雙手手心向上，這帶給對方的印象，就是一種「真誠」。

　　例如對方聊著聊著，聊起她的孩子了。一個好的業務，絕對會表現出很感興趣的樣子，而不是露出不耐煩表情，想把話題拉回產品。好的業務，會讓對方越談越有興致，但也不需要擔心，對方談自己孩子談到沒完沒了，正常情況，她談孩子談著談著，反倒看到你那麼專心聽，會產生一種「想回饋」的心境，於是就會反問你：「對了，你剛剛提到那個產品，說是可以提神補腦，真的嗎？孩子吃那個好嗎？」

　　當變成對方反問你，而非你主動推銷，那就要恭喜你了，你離成交已經不遠了。

　　現在，我若再問你，當遇到哆啦A夢，你想要它送你什麼？你可能不會說需要「讀心眼鏡」，你會更需要「美好聲音轉譯器」，讓你可以經常稱讚對方。當對方談到孩子時，你邊觀察對方微表情，邊講出最合宜的讚美。同時間你也透過肢體語言和對方建立良好的互動。這樣，就可以逐步搭起成交的橋樑。

我就是非要跟你買

　　銷售是門學問，但往往人們搞不清楚，銷售最重要的是「哪種」學問。

　　有人以為銷售學就是「口才」學，認為銷售就是一種說服的話術，因為放眼這個世界，不都是那些最會講話的人才可以賺大錢？不論是當主持人或者無敵推銷員，反正只要會講、敢講就代表很會銷售。

　　有人以為銷售學就是「心理」學，有什麼察言觀色技巧，什麼肢體語言學，還有看人家眼神就代表對方正在思考或不耐煩等等。如果人人都會「觀心術」，似乎也能讓交易變得十拿九穩。

　　此外有人覺得人品比較重要，講誠信的人才能長長久久；有人覺得專業比較重要，最終還是得靠產品來說話。

　　其實以上通通都重要，但哪些是在最後時刻，能最終獲得客戶青睞拿到訂單的關鍵要點呢？

誰是最後勝出者？

　　以下是以真實案例為基底所列舉的一個故事。某企業集團要更換保全設備，這是一個很大的生意，因為一旦搶下這個案子，就代表未來好幾年都會有固定訂單。為此國內幾大保全設備公司都卯足全勁，由老闆帶領菁英業務出馬，務必要取得這個案子。

　　經過了一個月的角逐。某天在一個保全產業年度大會宴席上，幾個老

闆剛好也都在。他們就在聊天了。

甲老闆說：「這回訂單應該是我們的，我這老闆可不是當假的，我既專業口才又一流，你沒看到當我出來簡報時，全場都被我的講解震懾，鴉雀無聲，只剩下崇拜的眼神？」

乙老闆說：「大家都搞錯重點了，保全設備不是開玩笑的，關係整個企業的安全第一線，他們總裁要的是最先進最符合潮流的。我別的不用多談，光拿出厚厚一疊的各國檢驗報告，相信總裁若是明理，絕對會選本公司產品」

丙老闆說：「唉啊！大家可嫩著呢！還傻傻地以為做生意就是明刀明槍打，笨哪！我老早就已經走內線，幾個重要部門主管都已經打好關係，甚至也找機會給總裁老婆送禮去了。看著好了，這案子準是我們的。」

當幾個老闆們還在七嘴八舌表示自己肯定會拿下專案，結果第二天那家企業集團宣布最終選擇合作的採購對象。跌破大家眼鏡的，受青睞者是一家剛從國外來台投資的新公司，為什麼會中選？原來，那家公司老闆不是別人，正就是總裁從小一起讀書長大的好哥們。當知道他開了一家保全產品公司，總裁二話不說，就直接把案子給他了。

和客戶互動的三種關係

這件事告訴我們什麼？難道是要我們必須從小就認識總裁嗎？就好比呂不韋慧眼識英雄，早早投資秦始皇的父親概念般？

當然不是這樣，不是所有交易，都剛好有個「拜把兄弟」或「一起穿同條褲子長大的哥兒們」。但肯定所有的交易，都會有某些人，就是客戶「不論如何」都會選擇的人。

如果這個人因為是血緣關係，例如親姊妹或者乾阿姨之類的，那本篇專欄也不必寫了，反正所有事都「靠關係」。但如果不是因為血緣關係，但客戶就是指定「非你不可」這樣的關係你要不要？

這就是我要表達的重點。

其實銷售成交有三種境界。

第一種境界是單次成交，也就是面對陌生客戶時，誰在競爭者中能夠獲得客戶青睞，那樣的時候，有的客戶看重的是口才，有的客戶看重的是客戶能夠了解他，有的客戶看重的是產品本身符合潮流。

第二種境界是比較式的成交。單次成交可能靠口才，但若產品不實用，或售後服務不好，交易只有一次就沒有下次了。可是比較式成交是指，每次交易，跟別人比，我們的成交率就是比較高，那就是我們有比較好的優勢，那個優勢可能是口碑，可能是我們的制度，總之會是個比較大的因素，絕非單靠口才。

但最高境界是第三種，也就是指定式成交，或者說是長期成交。就是說，客戶不是這回跟你買而已，也不是經常跟你買而已，而是「永遠」跟你買，甚至當客戶來到市場，剛好那天你休假，那客戶寧願改天再來，也不去跟其他廠商買。這樣的關係，不正就是「非你不可」的關係？

實務上，如何與人創造這種關係呢？請注意，我說的不是靠走後門，或者原始就有親緣或老同學等等的關係，而是當我們面對一個陌生人，卻能夠從無到有地跟他建立起這種關係。

其實所有的關係當然都是由零開始，重點是，當有了第一次交易後，為何客戶還願意跟你建立長遠交易。

客戶看重的，絕對是超越產品的素質，也就是對「你」這個人的看重。

具體來說，當我們從零開始遇到一個客戶前，人人都先問自己三個問題，請注意，是問「自己」，不是問客戶。

這三個問題也就是所謂的銷售三問。

1. 顧客為何要買？
2. 顧客為何要跟你買？
3. 顧客為何要持續跟你買？

這三個問題也代表前面說的三種銷售境界。

銷售三問及三種境界

第一種境界，面對陌生人，他為何要跟你成交那第一次呢？

答案是基於需求，不論你是靠三寸不爛之舌，還是靠優良的產品見證，打動客戶的心。第一回交易，一定是因為你抓住對方需求。而如果客戶暫時沒需求，一個好的業務，也要懂得創造需求。

舉例，好比說客戶原本沒有想買衣服，但透過問句，你讓客戶覺得自己想買這件衣服。

業務：「這位小姐，看你的穿著，應該是上班族工作，可能擔任主管。我猜你一定常有機會要上台簡報吧？但有沒有想過，如果除了中規中矩的衣服，若改換這套也是看起來很正式但設計很別緻的套裝，會讓你在台上更亮眼，可能就因此在關鍵時刻勝出喔！」

客人：「我也覺得這套衣服看來不錯。但應該很貴吧？」

業務：「原來您擔心的是錢的問題，那如果我告訴你現在正在換季打

折，而且配合聯名卡有無息分期優惠專案，你願意來試試看嗎？」

本來客戶沒想買衣服，但業務主動創造機會讓她決定買衣服，這是第一種境界成交。

第二種，客戶決定該買這個產品了。但同樣產品，有很多店家有在賣啊！他不一定要選你。這時候，「你」這個人就很重要了，因為產品已經不是重點，他為何要選你？

因為你看來很誠懇，因為你看來很專業，因為你看來很懂他的需求，因為你跟他相談甚歡……無論如何，這時候業務都要創造自己的價值，這樣，不只這一次這個客戶找你，只要你的價值仍在，那其他客戶在比較過每個競爭者後，也會偏向找你。

但最好還是第三種境界，客戶決定買了，也真的跟你下單了。但這不是業務最高境界，業務最高境界，當然是希望客戶不只交易一次，而要長長久久交易，甚至還要轉介紹讓親朋好友都來買。

這時候，業務銷售的境界，就不能只是銷售商品，而是銷售你「自己」了。如何讓客戶不只幫你當成業務員，而是把你當成朋友，當成專家，當成「非你不可」的對象呢？

這時候的你，絕對已經跟客戶變成「朋友」了，他知道你賣他東西不只是賺錢，你也把他當朋友。而這樣的境界如何營造呢？靠的絕不只是表面的口才，或者什麼心理成交術，不只要以誠相待，並且要交心。

下回業務們要想做銷售，試著不要只想炒短線，賺眼前生意，真正學習關心客戶，把對方當朋友，有機會奠定邁向第三境界的機會。

為什麼你不買呢？

「換位置就換腦袋了」。經常，我們可以聽到這樣的批評。某某某以前不是常跟我們一起批評主管嗎？為什麼現在自己升上去當主管後，好像有點翻臉不認人了？

但仔細想想，如果一個人真的不論轉換到甚麼位置，都「始終如一」，那才奇怪吧！就以在台灣頗有人氣的NBA明星林書豪來說，在「林來瘋」旋風正旺那年，他是紐約尼克隊球員，曾經打趴洛杉磯湖人隊，創造亞裔球員高分紀錄。但三年後，林書豪卻成為洛杉磯湖人隊的先發球員，反過來，要來打紐約尼克隊。他在哪一隊，就要改為幫那隊出力，這一點也不奇怪。

業務和消費者本就是對立位置

提到「位置」，一個人既然可以因為位置不同而心境有著轉換，同樣的，若用在業務領域，是否可以靠著轉換位置，轉換態度呢？

好比說，如果一個消費者，業務員怎麼和他銷售，他都不買單，那時，業務可能再怎麼費盡口舌都沒用。所謂「方法錯了，再努力一百次、一千次，一樣是錯。」那何不改變策略，轉換個「位置」吧！之前的位置，是業務員扮演說服消費者的角色，現在主角換人當，改為讓消費者對業務員報告，他要怎樣才買東西，是不是就可能峰迴路轉了呢？

讓我們試著應用在生活上，「位置」是如何影響銷售。

聰明的業務員都知道，「觀眾」的心態和「上場者」的心態是不同的。當個觀眾，要幹嘛？當然是要來批評的啊！不然幹嘛當觀眾？所以不論是看電視，看表演，反正只要站在旁觀者的角色，那麼腦袋自然而然地調整到「批判」的頻率，這很正常，就好像林書豪轉換隊伍了，腦袋就會調整新的頻率一樣。

那什麼是看表演呢？很抱歉，在這裡，若你是業務員，那你就是那個「表演者」。看著業務員如何用三寸不爛之舌，如何想方法，就是要你簽約，這真的很有意思啊！身為「觀眾」，要盡的本分，當然就是好好地去挑毛病啊！於是儘管這個業務員說得天花亂墜，但你的腦袋就已經調成「和業務對立」的模式。

所以聰明的業務怎麼做？他會設法讓消費者，不要當觀眾。當換成他是「表演者」，那麼位置變了，他的「腦袋」自然就變了。

因此，任何時候，業務要設法做到的一件事，不是把自己的Know-how，灌輸到消費者腦袋。而是希望，消費者如何把他的「How-know」（也就是他的認知是什麼），主動傳達給業務員。

經常可以看到一個情形，當業務和消費者對談融洽，談到後來，都是消費者在發表高見，表面上，業務好像沒機會插話，根本沒辦法介紹產品，但實際上，業務員心裡很開心，這筆單子，十有八九會成交。因為消費者已經站在「表演者」位置了，相對來說，換業務來當觀眾，也就是批評者的角色。但業務當然不會那麼笨，真的當批評者，他只會手中拿著訂單，在消費者談到興高采烈時切入：「OK，你說的話真有見地。很感恩妳認同我們的產品。小姐，要刷卡還是付現？妳訂的這套家具，明天就能送到府上。」

一句「為什麼」，改變雙方立場

但讀者也許就會疑惑：老師你說得好簡單。但實務上，大家都知道，在賣場上，消費者人人都緊繃著一張臉，防業務員跟防賊一樣。你說的「消費者扮演表演者角色」，是天方夜譚吧！

當然，消費者不會一出場就扮演表演者角色。如何讓他換位置，說起來也簡單，只要透過三個字就好。

哪三個字呢？就是「為什麼」。

請注意，絕不是一臉憤青的表情，質問客戶「為什麼」不買。那樣的話，不但東西銷不出去，還有可能被客訴，甚至登上報紙消費糾紛頭條。

而是要以學生「孺慕」的表情，真情地問「為什麼」？

這是一個最快速，轉換「位置」的技巧，就等同於，兩個人在假想中的舞台上交換麥克風一樣。

消費者一旦被問，就成為「主講者」，一成為主講者，心態可能就不一樣了。

特別是選在消費者即將步出舞台（也就是賣場）時，這一招就等同於楊家槍法最經典的一招，叫做「回馬槍」。因為當消費者以為要結束這次會面時，心情整個鬆懈，業務員突然來一招「為什麼」。這時消費者很容易就接招了。

業務：「好吧！今天很高興妳來。對了，在妳離開前，我可以用私人的立場，請教妳為什麼嗎？為什麼妳不喜歡這個保健品？」

之前一直板著臉的客戶，這時候因為放鬆心情，就直說了：「老實說啊！你們的產品很貴，也不知道效果好不好。」

客戶繼續講，越講越順口。然後不知不覺就聊下去，因為客戶已經改

變「位置」了，他和業務聊開了。

此時，消費者因為已經「交心」了，把不買的底牌都攤出來。現在，業務直接回答她的問題，她再也沒有理由說不買了。就算再硬坳，她也會覺得難為情。這時，業務就可以順利把商品賣出去。

這是一種非常重要的三段邏輯。

第一段：我知道你不想買，那請問要怎樣才會想買呢？

第二段：原來你不想買的原因是這樣啊！

第三段：如果排除掉這些問題，你是不是就願意買了呢？

這種三段式邏輯，不一定要到最後才以「回馬槍」的形式出招，那已是最後不得已，客戶都快離開時才用的招數。

事實上，在對話過程就可以開始用這招，然而前提一定都要是對方主講的情況下。對方不講則已，一講就有切入點，你就可以順勢套入以下公式：

「如果……是不是就………？」

下次，碰到消費者總是距你於千里之外，就別再窮追猛打了。想想那個太陽與北風的寓言吧！業務越「吹」，客戶防得越重。反倒用太陽的溫暖，客戶才會敞開心房。

問一下客戶「為什麼」吧！

把你原本滔滔不絕說話的位置讓給他。

沒錯，換位置就換腦袋，你一定要深刻相信這句話。

封閉式問句的奧秘

有句經典的廣告詞:「科技始終來自於人性。」

其實,這句話也可以套在很多事情上。「悲劇始終來自於人性」、「成敗始終來自於人性」等等……但對銷售者來說,絕對不要忘了「銷售始終來自於人性」

許多時候,我們看到一個業務員業績一直很不錯,似乎不同的人和他見面,都可以被他收服,願意買單。

但往往這樣的業務,不一定是口才一流或者是外表俊帥吸引人的,真正能夠銷售無法不利的,通常是「懂人性」的客戶。

問句要植基於人性

人性是怎樣的呢?這當然是個大學問。但與銷售有關的,請記住三個人性的特點。第一、每個人最關心的人,就是自己。第二、人腦再怎麼複雜,但當被問問題時,只會聚焦在問題上。第三、當事關面子時,感性會壓過理性。

只要抓住這三點,那麼銷售成功的機率就會大增。

而這三點,都和善於發問有關。

發問非常重要,因為發問可以同時滿足以上三種人性需求。也就是:第一,發問讓對方變成主角,第二,發問讓對方聚焦;第三、發問才有機會導引對方感性壓過理性。

273

可以說，若不靠發問，業務很難成交。

然而，若道理如此簡單，那就不會發生許多的業務人員總是被拒絕的狀況。

這些業務們業績不順，原因不在於發不發問，而在於懂不懂得發問。

就以上面舉的例子來延伸，發問可以讓對方變成主角，但變成主角後呢？你要這主角做什麼？發問也可以讓對方聚焦在你的問題，但如果你的問題和你的成交不能帶來直接關聯，那聚焦有甚麼意義？最後，問句的確可以導引對方感性壓過理性，但所謂感性，可以有兩個層面，阿莎力的說聲，好啦！我決定買了。這是一種；心情突然很不爽，決定不買了，這也是一種，你的問句會帶來哪種結果，有沒有想過？

實務上，我就經常看見業務們，用問句把事情搞砸的狀況。最輕微的，是客戶不想理你，最糟的就是原本可以成交的機會，被硬生生搞砸了。

我們有多常見到這種情況呢？其實每天都會發生，走在路上，發傳單的人硬塞DM給你，問你想不想減肥？去便利商店買早餐，店員問你現在買架上商品有折扣喔！你要不要買？去商店逛，業務小姐過來推銷，這是公司最新款產品，你有沒有興趣？……我們幾乎每天都會遇到。並且90%以上情況，我們的回覆是「不，不，不」

難道只因為對方是陌生人，所以我們不買單嗎？其實也的確這些銷售者多半是工讀生，領時薪的，並沒有真的很在意銷售。但如果真心想做業績的，其實它們的問句只要改一下，就有很大機率會願意買單。至少你會心情比較好，也許今天不買明天不買，後天再遇到他，就決定買了。

怎麼改呢？舉例如下。

以客為尊的問句

走在路上，發傳單的人說：「你好，這是我自己創業賣的產品，忙碌的你想讓身體更健康嗎？」（他賣的其實就是減肥的健康食品）、走進便利商店，店員說：「先生，感恩你來這裡買早餐，如果說有個新商品搭配，能讓早餐營養更充足，你願不願意嘗試？現在有特價喔！」去逛商店的時候，業務小姐說：「歡迎您來參觀，有沒有特別對什麼感興趣，對了，我們新進的產品系列放在這，您願不願過來這邊看看？」

同樣的意思，換個問句方式講，結果往往就不一樣。

有沒有注意，前面我舉的例子，不論是會較失敗的問法，或比較有吸引力的問法，其實主要都是採用「封閉式問句」，也就是「要不要」、「好不好」、「對不對」……也就是讓被問的人，只能二選一。

人都喜歡自己當主角，所以不喜歡被迫二選一，所以在業務交易上，有所謂必死的問句，就是指這類的「封閉式問句」。

可是如果這些封閉式問句，先製造個前提，也就是先去掉讓對方可能不愉快的情緒，然後再倒入二選一，那樣對方就比較能夠接受。以前述的案例來說，原本是有賣方，直接讓對方陷入二選一的困境，所以會惹對方不快。但後來修改後，變成先尊重對方是「主角」這件事，最後再導入「封閉式問句」，這時候因為客戶感到是由自己做主，那他就比較心甘情願去做二選一。

在業務銷售上，封閉式問句是必然的。因為沒有封閉式問句，就無法締結成交。

前面舉的例子，都是太早用封閉式問句，導致吃閉門羹的情況。但很多時候，業務無法成交，卻是屬於極端的狀況，也就是：「沒有使用」封

閉式問句。

 問出有效的問句

　　相信每個新手業務要出去拜訪客戶，前輩都會交代：「要先和客戶培養感情，不要急著做銷售。」

　　於是新手聽話照做，經常去拜訪客戶，明明是要賣保健食品，但卻先把時間放在和客戶「培養感情」。聊天氣、聊孩子、聊時事，就是不聊產品。印象中，許多的老總們談話不也是這樣，他們做生意不是真的談產品，而是喝酒應酬，不是嗎？

　　但別忘了，老總是老總，業務是業務，不一樣啊！老總可以喝酒談天、唱卡拉OK，甚至泡酒家，他們的生意，可能只是酒酣耳熱後的一種默契。但業務們，你們不一定和客戶有那種商場交情。這時候，培養感情只能是引子，而不要當作主戲。

　　可以聊孩子，但聊著聊著要扯回到健康話題，然後說孩子越來越大了，我們身體也要照顧好，適時地補充營養很重要。

　　但多數時候，特別是新進業務，往往聊著聊著，就「不好意思」扯入正題，好像害怕人家看出你是來賣東西的，很有罪惡感似的。

　　結果聊著聊著，當你不好意思時，對方卻是不耐煩起來，他們不會主動問你要賣甚麼，他們比較可能是，聊著聊著突然舉起手看看錶，說「唉啊！我現在有事要走了，下次有機會再聊吧！」

　　而你我都知道，那個所謂「下次」，可能要等很久了。

　　事實上，這種事太常發生了，已經被列為業務未能做到業績的首要「致命傷」。那就是只懂開放式問句，不懂封閉式問句。講句白話的，那

就是：「只顧著講，卻不懂得締結成交」。

　　或者另一種情況，在商店裡賣東西也是一樣，在商店和消費者自然不太會聊天氣聊孩子，但通常會做到一件事，就是介紹產品，可是也往往，店員只會一直講，然後忘了用封閉式問句收尾，這種店員，充其量只是個產品解說員。

　　但讀者會問，前面不是說，封閉式問句是必死問句嗎？其實當我們的問題是：「你要不要？」「對不對？」「可不可以？」「行不行？」，這類型的封閉式問句，又沒建立足夠的前置情境，那就會變成必死問句。

　　但同樣是封閉式問句，若改成以下方式：「小姐，妳要這件還是那件？」「妳要刷卡還是付現？」「妳要現在立刻穿，還是包起來帶走？」那結果就會大大不同。

　　人性的必然，一個問題，就會導引出一個回應，只是這回應是被逼出來的，還是自然而然順著對話，先讓客戶當主角，然後順著你的問題走，最後當你用封閉式問句，導引出他走到他要怎麼消費時，他就算沒那麼想買，可能基於面子，感性壓過理性就會買了。

　　這就是封閉式問句的奧秘了。

成交攻心術

顧客成交心理學！

課程重點

林裕峯 老師

① 學會塑造產品價值
② 學會解決客戶的抗拒點
③ 學會挖掘需求和引導購買
④ 如何識別客戶的性格類型
⑤ 建立客戶關係的五個層次
⑥ 學會如何解決顧客十大藉口
⑦ 找出客戶的問題、需求和渴望
⑧ 史上最強十大潛意識成交技巧

 🎁 **特別贈禮**

掃描
QR Code ▶▶

留言：我要學習

銷傲江湖之最強銷售成交SOP

作者／林裕峯

出版者／元宇宙(股)公司委託創見文化出版發行

本書採減碳印製流程，碳足跡追蹤並使用優質中性紙（Acid & Alkali Free）通過綠色環保認證，最符環保需求。

總顧問／王寶玲

總編輯／歐綾纖

文字編輯／蔡靜怡　　　　　　美術設計／蔡瑪麗

台灣出版中心／新北市中和區中山路2段366巷10號10樓

電話／（02）2248-7896　　　　傳真／（02）2248-7758

ISBN／978-986-271-940-4

出版日期／2022年7月初刷

全球華文市場總代理／采舍國際有限公司

地址／新北市中和區中山路2段366巷10號3樓

電話／（02）8245-8786　　　　傳真／（02）8245-8718

全系列書系特約展示門市

新絲路網路書店

地址／新北市中和區中山路2段366巷10號10樓

電話／（02）8245-9896

網址／www.silkbook.com

國家圖書館出版品預行編目資料

銷傲江湖之最強銷售成交SOP/林裕峯 著 -- 初版
. -- 新北市：創見文化出版, 采舍國際有限公司發
行, 2022,07 面；公分--（MAGIC POWER；20）
ISBN 978-986-271-940-4（平裝）

1.CST: 銷售　2.CST: 職場成功法

496.5　　　　　　　　　　111007703

COUPON優惠券免費大方送！

2023 Startup Weekend

世界華人八大明師

新趨勢｜新商機｜新布局｜新人生

錢進元宇宙・區塊鏈・NFT，找到著力點，顛覆未來！

The World's Eight Super Mentor's

地點 新店台北矽谷（新北市新店區北新路三段223號 ◎大坪林站）

時間 2023年 **10/21、10/22** 每日上午9：00到下午5：00

兩日核心課程貴賓席，與台上講師近距離互動，並加贈萬元獨家《超譯易經》和卜卦牌卡反師級課程

VIP席位原價49,800元
推廣特價 19,800元

憑券特價 **1,000元**

新北市新店路 silkbook○com www.silkbook.com 查詢

魔法講盟

・憑券可以千元優惠價格入座10/21、10/22兩日核心課程貴賓席，與台上講師近距離互動，並加贈萬元尊爵級獨家課程。
・若因故未能出席，可保留席位於2024、2025年任一八大盛會使用。

更多詳細資訊請洽（02）8245-8318 或上官網 www.silkbook.com 查詢

2023 亞洲八大名師高峰會

創業培訓高峰會　人生由此開始改變

為您一揭元宇宙・區塊鏈・NFT 的創新商業模式，
高CP值的創業機密，讓您跨界創富！

地點 新店台北矽谷（新北市新店區北新路三段223號 ◎大坪林站）

時間 2023年 **6/17、6/18** 每日上午9：00到下午5：00

VIP席位原價69,800元
推廣特價 19,800元

憑券只要 **1,000元**

The Asia's Eight Super Mentor's

1. 憑券可以千元優惠價格入座6/17、6/18兩日核心課程貴賓席，與台上講師近距離互動，並領取尊爵級萬元獨家《銷魂文案》及頂級課程！
2. 若因故未能出席，可保留席位於2024、2025年任一八大盛會使用。

更多詳細資訊請洽（02）**8245-8318** 或上官網 silkbook○com www.silkbook.com 查詢

新絲路網路書店

魔法講盟

COUPON優惠券免費大方送！

元宇宙 股份有限公司

Taiwan Meta-Magic

★ 台灣最大區塊鏈 ★
★ 元宇宙教育培訓中心 ★

國際級證照 ＋ 賦能應用 ＋ 創新商業模式

比特幣頻頻創歷史新高，各個國家發展的趨勢、企業應用都是朝向區塊鏈，隨著新科技迭起，翻轉過往工作模式的「數位人才」，不論本身來自什麼科系，每個產業都對其求才若渴。LinkedIn 研究最搶手技術人才排行，「區塊鏈」空降榜首，區塊鏈人才更是人力市場中稀缺的資源。

Facebook 也正式宣布改名為「Meta」，你會發現現在最火熱的創投項目，以及漲幅驚人的股票，都有一個相同的元素，如果你問 Facebook 的祖克伯、輝達的黃仁勳、騰訊的馬化騰……等一眾科技大佬，未來網路的發展方向為何？他們全都會告訴你同一個詞，那就是——元宇宙（Metaverse）。

元宇宙(股)早在 2013 年即出版《區塊鏈》叢書，並於 2017年開辦區塊鏈證照班，培養數千位區塊鏈人才，對接資源也觸及台灣、大陸、馬來西亞、新加坡、香港等國家，現仍走在時代最前端，開設許多區塊鏈‧元宇宙相關課程。

區塊鏈‧元宇宙
應用，絕對超乎你的想像！

區塊鏈與元宇宙之應用證照班
唯一在台灣上課就可以取得中國大陸與東盟官方認證的機構，取得證照後就可以至中國大陸及亞洲各地授課＆接案，並可大幅增強自己的競爭力與大半徑的人脈圈！

我們一起創業吧！
課程將深度剖析創業的秘密，結合區塊鏈改變產業的趨勢，為各行業賦能，提前布局與準備，帶領你朝向創業成功之路邁進，實地體驗區塊鏈相關操作及落地應用面，創造無限商機！

區塊鏈＆元宇宙講師班
區塊鏈＆元宇宙為史上最新興的產業，對於講師的需求量目前是很大的，加上區塊鏈賦能傳統企業的案例隨著新冠肺炎疫情而爆增，對於區塊鏈＆元宇宙培訓相關的講師需求大增。

區塊鏈技術班
目前擁有區塊鏈開發技術的專業人員，平均年薪都破百萬，與中國火鏈科技合作，特聘中國前騰訊技術人員授課，讓你成為區塊鏈程式開發人才，擁有絕對超強的競爭力。

區塊鏈元宇宙顧問班
區塊鏈賦能傳統企業目前已經有許多成功的案例，目前最缺乏的就是導入區塊鏈前後時的顧問，提供顧問服務，例如法律顧問、投資顧問等，培養你成為區塊鏈元宇宙顧問。

數位資產 NFT 規劃班
全球老年化的到來，資產配置規劃尤為重要，傳統的規劃都必須有沉重的稅賦問題，透過數位加密貨幣與 NFT 規劃，將資產安全、免稅（目前）便利的轉移至下一代或世界上的任何人與任何地方是未來趨勢。

數位原生代的**財富密碼**

元宇宙NFT
淘金實戰班

一次看懂元宇宙新商機，
錯過比特幣，
不能再錯過 NFT ！

「NFT」正式獲選為 2021 年度十大代表關鍵字的冠軍，擊敗「新冠肺炎」與「疫苗」，而「元宇宙 (Metaverse)」與「加密貨幣 (Cypto Currency)」則緊追其後！

就像知名 YouTuber 老高說的：「NFT 是孕育元宇宙的基礎，沒有它，就沒有元宇宙。」所有你知道的知名企業品牌都投入元宇宙，NFT 也從原本一小群人關注的話題，遂變成全球矚目的新興趨勢！

什麼是 NFT ？何謂非同質化代幣？加密藝術能做什麼，如何透過區塊鏈去中心化？如何發布個人作品？如何藉由交易轉移數碼檔案的擁有權？一堂初心者專門、最淺顯易懂的課程，讓外行人完整掌握**五大要點**：

① NFT 加密藝術產業概況

② 區塊鏈技術、加密貨幣與交易平台機制

③ 如何建立加密貨幣錢包、購買與出售

④ 如何將作品轉化成 NFT 並上傳？

⑤ 買賣 NFT 保存方式及需注意風險？

絕不空談元宇宙、NFT 理論，由專業講師手把手教學、完整傳授，了解創作技術核心與現階段限制，讓你從加密世界脫穎而出，一起搭上數位淘金熱！

更多詳細資訊，請撥打真人客服專線 02-8245-8318，
亦可上新絲路官網 *silkbook*○*com* www.silkbook.com 查詢。

華文網元宇宙

DAO · NFT · DIM · GameFi
NEPCTI同步 · 數位出版 · 證照培訓

台灣最大區塊鏈 · 元宇宙
教育知識產業媒體平台

華文網元宇宙集團起源於書籍出版和雜誌媒體,致力發展知識型產品及智慧服務,透過整合性的數位服務,擴大受眾市場,打造未來科技學習平台,書籍出版從實體（offline）到線上 (online) 到 NEPCTI 同步,將觸角拓展至全球矚目的新興趨勢,如:區塊鏈 · 虛擬貨幣 · 數字資產 · 數位生態 · 智慧分析 · 平台 · 傳媒 · IP · 主權雲 · 證照培訓 · 資源對接 · 項目投資 · 金融服務 · 軟件 · 社群 · 顧問……等,建構全球華文專業培訓平台,成功席捲整個華語出版 & 培訓市場。元宇宙 DAO 即將大爆發!想掌握最新趨勢者,歡迎加入我們! Join Our Business!!

與眾不同,由您開始!

邀請具備 NFT 專長 DAO、Meta 超編輯的您與我們同行,挑戰自我,加入我們的準接班人團隊,這裡將會是您最棒的舞台!

NEPCTI同步
- NFT
- China 簡體版
- E-Book 電子書
- Training 培訓
- Paper 紙本書
- Inter-National 國際版權

徵 儲備幹部、文字編輯、出版助理,對編輯工作具強烈熱情者,應屆畢業生、兼職亦可。

徵 作者,有新興趨勢之作品、有知識經驗想分享傳承、有企業理念願景想宣揚……

歡迎直接將履歷投遞至人資部:iris@book4u.com.tw
tel:02-8245-8318

元宇宙股份有限公司股權認購

「天使輪」股權認購權益憑證

憑此憑證可於 2023 年 6 月 30 日前以
40 元／股 認購元宇宙之股權
最低認購股數 1,000 股

認購流程：

第一步 ▶ 確認認購天使輪價格為 **40** 元／股

第二步 ▶ 匯款至「元宇宙股份有限公司」，帳號如下：
台新國際商業銀行 西門分行　戶名：元宇宙股份有限公司
帳號：2061-01-0001222-9

第三步 ▶ 將匯款單傳真至 02-8245-8718 或 mail 到 jane@book4u.com.tw

第四步 ▶ 請打電話至 02-8245-8786 與會計部蔡燕玲小姐確認

關於股權的相關問題，可諮詢元宇宙培訓高專蔡秋萍小姐→ hiapple@book4u.com.tw

申購者姓名		身份證字號	
聯絡電話		**Email**	
聯絡地址			
認購數量	股	申購金額	
匯款日期		匯款帳號後**5**碼	

真永是真

- ☑ NEPCTI 同步
- ☑ 融匯古今
- ☑ 中西互證
- ☑ 跨時代、跨領域

提供與時俱進、系統化的真智慧！

999個真理 333本書

Knowledge Feast Lecture

指引人生大道的明燈！

333本書 課程演講 影音視頻 999個真理 Mook專書

基於孔子有教無類「述而不作」之精神，王晴天大師率魔法講盟知識服務團隊精選 999 個真理，打造「真永是真」人生大道叢書，內含數十萬種書之精華，除了有實體書本，每一個真理均搭配書籍、視頻、課程等同步發行 NEPCTI，並融入了上千本書的知識點、古今中外成功人士的智慧經驗，教您活用知識，提升個人軟實力，為迷航人生提供真確的指引明燈！

更多詳情與或訂購請洽 (02)8245-8318 或上 silkbook○com www.silkbook.com 官網！

把大師請回家・隨時為您解惑！

　　「真永是真」人生大道叢書，將是史上最偉大的知識服務智慧型工程！堪比《四庫全書》，更值得您典藏！《四庫全書》是中華傳統文化最豐富最完備的集成之作，分經、史、子、集四部，收錄先秦到清乾隆前期的眾多古籍，內容多是當時代的歷史、國學古籍，然不夠客觀與宏觀，有些已不合時宜，不符現在所需；而「真永是真」叢書收錄的是古今通用的道理，談的是現代應用的知識、未來的趨勢……具實用性的人生大道，是跨界整合的知識──涉及了心理學、經濟學、管理學、社會學、賺錢學、創業學……，無所不包，教你如何全方位融會貫通，落實於生活與事業中！是**值得您傳家・傳世・傳子孫的經典！**

超越《四庫全書》的「真永是真」人生大道叢書

	四庫全書	真永是真人生大道	永樂大典
總字數	8 億 勝	5 千萬字	3.7 億
冊數	36,304 冊 勝	333 冊	11,095 冊
有延伸學習	無	視頻＆演講課程 勝	無
電子書	有	有 勝	無
NFT	無	有 勝	無
實用性	有些已過時	符合現代應用 勝	已失散
叢書完整與可及性	收藏在故宮	完整且隨時可購閱 勝	大部分失散

「真永是真」人生大道，條條是經典，字字是真理，
全體系應用，360 度全方位學習，讓你化盲點為轉機，
面對 AI 元宇宙，NEPCTI 同步，勢將無可取代！